VERSTÄNDLICHE WISSENSCHAFT

SIEBENUNDSECHZIGSTER BAND

Springer-Verlag Berlin Heidelberg GmbH

DIE WÄLDER DER ERDE

VON

DR. PHIL. JOHANNES WECK

O. Ö. PROFESSOR FÜR WELTFORSTWIRTSCHAFT
AN DER UNIVERSITÄT HAMBURG

DIREKTOR DES INSTITUTS „WELTFORSTWIRTSCHAFT"
DER BUNDESFORSCHUNGSANSTALT FÜR FORST- UND HOLZWIRTSCHAFT
IN REINBEK

1.—6. TAUSEND

MIT 64 ABBILDUNGEN

Springer-Verlag Berlin Heidelberg GmbH

Herausgeber der Naturwissenschaftlichen Abteilung:
Prof. Dr. Karl v. Frisch, München

ISBN 978-3-642-86395-0   ISBN 978-3-642-86394-3 (eBook)
DOI 10.1007/978-3-642-86394-3

© by Springer-Verlag Berlin Heidelberg 1957
Ursprünglich erschienen bei Springer-Verlag OHG .
Berlin · Göttingen · Heidelberg 1957.
Softcover reprint of the hardcover 1st edition 1957

Inhaltsverzeichnis

Quellenverzeichnis der Abbildungen

Die Abbildungen sind, soweit sie nicht Originalaufnahmen des Verfassers sind, der liebenswürdigen Zustimmung folgender Autoren zu danken:

Die übrigen 43 Fotos sind Aufnahmen des Verfassers aus den Jahren 1953 bis 1956.

Einleitung

Der Wald ist die machtvollste Entfaltung pflanzlichen Lebens
auf der Erdfeste, machtvoll nicht nur im Bild seiner äußeren Erscheinung, machtvoll vor allem in der unaufhaltsamen Gewalt der
Durchsetzung gegenüber anderen Pflanzengesellschaften. Überall
dort, wo die Bedingungen des Makroklimas Bäumen ein dauern-
des Gedeihen erlauben, verdrängt Wald früher oder später die
Grasflur, die Heide, das Buschland, erobert er die vom Menschen
nicht mehr verteidigten Ackerfluren zurück, löst sie ab und be-
hauptet dann seine Herrschaft.

Freilich braucht der Wald ein Mindestmaß an Feuchtigkeit und
eine zusammenhängende frostfreie Vegetationszeit von mindestens 60 Tagen im Jahr mit mindestens $+10^0$C mittlerer Tages-
temperatur. Nur unterhalb dieser Grenzen haben Nicht-Wald-
Formationen eine sichere Chance, dauernd beherrschend zu bleiben als Prärie, Steppe, Tundra, Heide oder Dornbusch.

Zwar können auch innerhalb der Waldklimax — und zwar besonders an ihren Grenzen — immer wiederkehrendes Bodenfeuer,
Versumpfung, Versalzung, Sandüberwehung und Erosion an
steilen Felshängen den Wald jahrzehnte-, ja jahrhundertelang am
Fußfassen hindern. Aber in der Regel setzt er sich auch hier zuletzt durch, nachdem Gruppen besonders harter und genügsamer
Bodenpflanzen und Sträucher, sog. „Pioniergesellschaften", ihm
den Boden bereiteten.

Dem Wald als Vegetationsform gibt der „Baum" sein augen-
fälliges Gepräge. Ein Baum ist eine Pflanze mit verholzendem
Stamm, die eine Scheitelhöhe von mindestens 5 m erreichen kann.
Die Riesen unter den Bäumen sind die Mammutbäume (Sequoien)
Kaliforniens, für die bis 115 m Scheitelhöhe, Holzinhalte bis zu
1400 m³ je Stamm und Lebensalter von über 4000 Jahren zuverlässig ermessen wurden. Einigen Eukalypten Australiens wird

nachgerühmt, die absolut größten Gipfelhöhen zu erreichen. Eine
Baumhöhe von 150 m soll Eucalyptus amygdalina erreichen können. Doch ist meines Wissens der größte bisher zuverlässig er-
messene Wert für die Scheitelhöhe einer lebenden Eukalypte
107 m (E. regnans). Auf den günstigsten Standorten des Schwarz-
waldes können unsere Fichten und Tannen 50 m und die Kiefern

Abb. 1. Vor 40 Jahren wurde hier ein Urwald von Sequoia sempervirens auf
großer Fläche geschlagen, nun erobert der Wald trotz Weideviehverbiß die
Fläche zurück (Kalifornien)

40 m überschreiten, doch hält sich die Masse der alten Fichten-
und Buchen- sowie Tannenbestände im deutschen Wald zwischen
25—35 m und die Masse alter Kiefern- und Eichenbestände zwischen 20 und 30 m.

Der Wald als machtvollste, kampftüchtigste Pflanzenformation
war dem primitiven Menschen ein von Geheimnis und Grauen
umwitterter, ohne entwickeltes Gerät nicht bezwingbarer Feind.
Die Kulturen der frühen Menschheit entfalten sich außerhalb des
Waldes oder allenfalls in seinen savannenartig aufgelockerten
Randzonen. Auch in Mitteleuropa sowie in West- und Nordeuropa siedelten die vorzeitlichen Menschen zunächst als Fischer

am See und Flußufer, als Ackerbauer auf den von Natur aus locker bewaldeten, trockenen Lößebenen, auf den küstennahen atlantischen Naturheiden. Von hier aus setzte dann — zunächst unendlich mühsam, langsam und zögernd — machtvoll ausgreifend erst ab 1000 n. Chr. die Eroberung, Unterwerfung und schließlich die Dienstbarmachung des Waldes ein. In England und Frankreich, in Deutschland und den Alpenländern, in Skandinavien und Osteuropa zwang die Aufgabe der Eroberung des Waldes die Menschen zu fruchtbarsten Anstrengungen. Die technische Entwicklung, die gesellschaftliche und staatliche Organisation, die künstlerische Entfaltung, kurz die Kultur des Abendlandes erwuchs in Europa mit der Bewältigung der Aufgabe, die wilde Waldlandschaft in eine Kulturlandschaft umzuprägen.

Abb. 2. Sequoia sempervirens im kalifornischen Urwald; der Baum, der die größten Scheitelhöhen erreichen kann (bis 115 m); beachte die menschliche Figur vor dem Stamm als Bezugsgröße

Über 90% der Landesfläche Deutschlands behauptete einst der Urwald. Unsere fruchtbaren Acker- und Wiesenfluren sind ebenso alter Waldgrund wie die heutigen Ballungszentren der Industrie und die Häusermeere unserer Städte. Etwa 28% der Fläche ist in der Bundesrepublik von 1955 noch dem Wald verblieben. Aber dieser Wald ist gezähmt, planmäßig erschlossen und gestaltet, vermessen und registriert. Wer den Urwald kennt, weiß, daß in den meisten unserer Wälder nicht wesentlich mehr „Ur"element steckt als in einem Getreideschlag oder Bauerngarten. Indessen erfüllt auch dieser der Holzerzeugung dienstbar gemachte Wald noch wesentliche Wohlfahrtswirkungen, schützt die Bodenkrume gegen Erosion, mildert die Gewalt der Stürme, erwirkt die gleichmäßige Ergiebigkeit der Quellen, filtert die abgasgeschwängerte Luft und bildet das letzte, unersetzbare Refugium der von der modernen Industriezivilisation gehetzten Menschen. In unseren Breiten ist eine ergiebige Landwirtschaft ebensowenig auf die Dauer ohne einen wohlbemessenen Waldanteil im Gelände möglich wie die Entfaltung einer krisenfesten Industrie. Das in den Nöten der letzten Jahrzehnte geschärfte Bewußtsein für solche Zusammenhänge, das Wissen um die durch technische Künste nicht ersetzbaren Wohlfahrtswirkungen des Waldes, hat seit etwa 25 Jahren in aller Welt den Bemühungen um Erhaltung, Pflege und Wiederherstellung der Wälder gewaltigen Auftrieb gegeben. Erwuchs vor 150 Jahren, von Frankreich und Deutschland ausgehend, zunächst eine „Forstwirtschaft", deren einzige Sorge die Bannung der Holznot war durch Aufforstung von Ödland und planmäßige Einrichtung der Restwälder, so beginnt trotz gewaltiger Zunahme des Holzverbrauches und der Holzverwendungsweisen die Kulturmenschheit immer deutlicher in der Waldwirtschaft die „protektive" Aufgabe des Waldes gegenüber einer nur „produktiven" als vorrangig zu bewerten. Nach dem Zweiten Weltkrieg hat die Forstabteilung der FAO (Food and Agriculture Organization of United Nations) mit gutem Erfolg die Aufgabe übernommen, die Anstrengungen aller Völker um Schutz und Verbesserung der Wälder zu koordinieren, weniger erfahrene Völker durch Experten aus Ländern älterer Forstkultur zu unterstützen und Austausch von Erfahrungen zu sichern.

Ein Verständnis für die eigenartige Problematik sowohl des Naturwaldes als auch des bewirtschafteten Kulturwaldes dürfte deshalb mehr als früher für alle am Geschehen der Zeit Interessierten ein Bedürfnis sein. Im wachsenden Maße stehen Parlamentarier und Verwaltungsbeamte, Ärzte und Erzieher, Techniker und Industrielle vor Aufgaben, deren Lösung ohne ein Mindestmaß von Wissen um das Wesen des Waldes nicht aussichtsreich ist. Die Problematik von Wald und Waldwirtschaft ist in so grundsätzlich eigentümlicher Weise unterschiedlich von jeder

anderen Art bodenwirtschaftlicher und gewerbewirtschaftlicher
Betätigung, daß ohne Verständnis dieser Eigenart keine gute
Urteilsbildung möglich ist.

A. Die Waldregionen

I. Das Waldkleid der Erde im Spiegel der Statistik

In einer Übersicht „World Forest Resources" gab die FAO im
März 1955 die neuesten Ergebnisse der forststatistischen Erhebungen in 126 Ländern, ergänzt durch Schätzungen aus nicht
berichtenden Gebieten der Erde, bekannt. Wenngleich die den
mitgeteilten Ziffern zugrundeliegenden Erhebungen in den verschiedenen Ländern recht unterschiedlich zuverlässig und vollständig durchgeführt wurden, dürften die Angaben der Waldflächen wenigstens für größere Gebiete befriedigend genau sein.
Weniger zuverlässig als die Flächenzahlen sind diejenigen über
den in Kubikmetern mitgeteilten, im Wald vorhandenen und produzierenden Holzvorrat und über den jährlichen Holzzuwachs.
Etwas besser steht es wieder um die Zuverlässigkeit der Mitteilungen über die Höhe des Holzeinschlages und den unter den
derzeitigen Bedingungen zulässigen „Nachhaltshiebssatz", d. h.
die jährlich ohne Schmälerung des Waldes als Produktionsmittel
entnehmbaren Holzernte (s. Tabelle 1).

1140 Mio[1] ha Wald, das sind nur rund 30% der Gesamtwaldfläche auf unserer Erde, stehen in Bewirtschaftung. Diese Fläche
entspricht annähernd der Landfläche Europas.

Die Zahlenausweise für großräumige Zusammenfassungen der
obigen Tabelle lassen noch nicht deutlich werden, daß die Un-
gleichmäßigkeit der Waldverteilung auf der Erde noch wesentlich ausgeprägter ist. Zwischen zwei gewaltigen, ursprünglich
weitgehend geschlossenen Waldgürteln, die zusammen heute
etwa 80% der Gesamtwaldfläche der Erde enthalten, liegen Gürtel
mit geringerem Waldanteil und durch Menschenwirken entstandenen Steppen und die waldlosen Gebiete der Natursteppen und
Wüsten. Die erste Zone ist die der Nadelwälder auf der Nord-
halbkugel von Alaska über den kanadischen Schild bis Labrador,

---

[1] Mio = Millionen

von Skandinavien über Karelien, Weißmeergebiet, Sibirien bis Kamtschatka reichend. Sie enthält mehr als 35% der Wälder der Erde. Auf der Südhalbkugel findet diese Zone keine Entsprechung. Zwischen den Wendekreisen schlingt sich um die Erde der zweite, mit über 42% der Waldfläche noch reichlicher ausgestattete Gürtel, nämlich derjenige der Tropenwälder mit den

Tabelle 1. *Waldverteilung und Walddichte in den Erdregionen*

Region	Durch Verkehrswege erschlossene Waldfläche		Gesamte Waldfläche		Bewaldungsprozent	Prozentsatz des	
	Mio ha	je Kopf ha	Mio ha	je Kopf ha		erschlossenen Waldes	bewirtschafteten Waldes
Europa ohne UdSSR	133	0,3	136	0,3	28,5	98,0	96,0
UdSSR	425	2,2	743	3,8	34,0	57,0	47,0
Alaska, Kanada, USA	312	2,0	656	4,1	36,0	47,5	34,0
Lateinamerika	329	1,9	890	5,2	40,0	37,0	9,0
Afrika	284	1,4	801	3,9	27,0	34,5	13,0
Asien ohne UdSSR mit Insulinde und W.-Neuguinea	311	0,2	525	0,4	24,5	59,5	44,0
Australien, Pazifische Inseln, O-Neuguinea	20	1,6	86	6,7	10,5	23,5	20,0
	1814	0,7	3837	1,6	29,1	47,5	30,0

drei Kerngebieten: Hyläa des Amazonasbeckens, Kamerun/Kongobecken und Insulinde/Malaya.

Ist der boreale Gürtel das Herrschaftsgebiet der Nadelwälder, so ist der Tropenwald das Herrschaftsgebiet der Laubwälder. Beide Waldgebiete sind aber siedlungsfeindlich und, von wohlbegründeten Ausnahmen abgesehen, auch heute noch immer dünn besiedelt. In Nordamerika und Europa nicht anders als in Ostasien hat aber die Menschheit mehr oder weniger vollständig die Randzonen der beiden Waldgürtel unterworfen, nämlich die Gebiete der laubabwerfenden Mischwälder, die nach Boden und Makroklima für dichte Siedlung, verkehrsmäßige Erschließung und gewerbliche Entwicklung wohl geeignet sind. Hier ist der ursprünglich auch herrschende Wald mehr oder weniger

6

weitgehend durch Rodung und Siedlung zur „Kultursavanne"
und „Kultursteppe" umgewandelt worden; Reste blieben als Wirtschaftswald auf geringeren oder schwer bearbeitbaren Böden und
als Schutzwald in den Gebirgen. So macht die folgende Tabelle
deutlich, wie zwischen den beiden, auch heute erst wenig auf-
gelösten Naturwaldgürteln die Gebiete liegen, die entweder von
Natur aus waldarm sind oder deren Waldkleid dem rodenden
und siedelnden Menschen zum Opfer fiel.

Tabelle 2. *Bewaldungstypen*

Region	Land	Bewal-dungs-prozent	Anteil des vom Men-schen bewirtschafteten Waldes am Gesamtwald in %	Nadelholzanteil am bewirtschafteten Wald in %
Borealer Nadelwaldgürtel	Finnland	71	95	78
	Schweden	56	100	93
	Alaska	42	18	93
Ballungsgebiete der Siedlungen in der Region eines Mischwaldklimas	Bundesrepublik Deutschland	28	100	65
	England	7	100	48
	Niederlande	8	100	69
Waldarme oder waldfreie Steppen- und Wüstenregionen	Irak	3,5	58	0
	Syrien	2,4	54	20
	Ägypten	0	0	—
	Südafrikanische Union	1,0	100	18
	Cyrenaika	0,02	0	0
Tropenwaldgürtel	Malaya	79	32	0
	Franz. Äquatorial-Afrika	61	8	0
	Kolumbien	62	1	0
	Guyana und Surinam	91	1	0

Als Beispiele wurden in diese Tabelle nur solche Länder aufgenommen, die hinsichtlich ihres Bewaldungscharakters in sich
einheitlichen Typs sind. Wir erkennen: Hohes Bewaldungs-
prozent in der borealen Zone auch dort noch, wo der Wald fast
vollständig bewirtschaftet wird; vollständige Bewirtschaftung des
Restwaldes in der ursprünglich fast geschlossen bewaldeten,
durch Rodung und dichte Siedlung veränderten Mischwaldzone;

nennenswerte Inangriffnahme einer Bewirtschaftung des Tropenwaldes nur dort, wo Gunst der Verkehrslage und dichtere Besiedlung wichtige Voraussetzungen dafür schaffen (Malaya); vollständige Nutzung der kleinen Waldrelikte in den Steppen- und Wüstenländern nur in der von einer aktiven weißen Bevölkerung regierten Südafrikanischen Union. So vermögen die dürren Zahlen der Statistik doch bereits ein Ahnen zu vermitteln vom verschränkten Wirkungsgefüge „Mensch und Landschaft".

Bei Beurteilung von Wald und Waldwirtschaft gilt es gut zu unterscheiden zwischen „erschlossenem Wald", „genutztem Wald" und „bewirtschaftetem Wald". Immer ist der erste Schritt zur Eroberung eines Urwaldgebietes die verkehrsmäßige Erschließung. Erst der erschlossene Wald kann genutzt werden. Eine solche Nutzung kann aber einmal Raubbau nach dem Grundsatz der amerikanischen Waldschlächter „Cut over and got out" sein oder aber Beginn und Einleitung einer planmäßigen „Nachhaltswirtschaft". Wenn mit dem Abbau der Urwaldvorräte der Neuaufbau der Wälder durch natürliche Verjüngung oder Kultur (Saat oder Pflanzung) Hand in Hand geht, und wenn durch planvolle Abstimmung des jährlichen Holzeinschlages mit dem Zuwachs dieses Waldes an Holz eine Holzernte gleichbleibender Höhe für künftige Geschlechter — also „nachhaltig" — gesichert bleibt, dann erst dürfen wir den Wald „bewirtschaftet" nennen. Wieder soll eine Tabelle zeigen, wie es um die Bewirtschaftung des Waldes in den Regionen bestellt ist (s. Tabelle 3).

Weniger als die Hälfte des Waldes der Erde ist erschlossen, weniger als $1/_3$ in Nutzung, aber sogar erst $1/_7$ der Waldfläche wird im Zeitalter der Atomkraft planmäßig bewirtschaftet! Die für den „bewirtschafteten" Wald der UdSSR gegebene hohe Zahl wird unter Vorbehalt niedergeschrieben, weil amtliche Mitteilungen hierzu nicht vorliegen. Doch ist es durchaus wahrscheinlich, daß im Land der Planwirtschaft auch der gesamte in Nutzung stehende Wald nach Plänen bewirtschaftet wird. Die Nadelholzfläche wird übrigens in allen Zonen wesentlich vollständiger genutzt als die Laubholzfläche, weil Nadelholz — später werden wir mehr davon hören — viel stärker am Weltholzhandel beteiligt ist als Laubholz.

Auf 46,5 % der Nadelwaldfläche ist also heute der Mensch nutzend tätig, aber erst auf 22,5 % der Laubwaldfläche. Der hohe

Nutzungsanteil der Nadelwaldfläche ist um so bemerkenswerter, als gerade die schwer zugänglichen Gebiete der Waldgrenzen gegen die arktische Tundra und Krummholzregion der Hochgebirge vom Nadelholz beherrscht werden. Weite Gebiete, die in

Tabelle 3. *Erschlossener, genutzter, bewirtschafteter Wald*

Region	Gesamtwald Mio ha	Erschlossener Wald Mio ha	Genutzter Wald Mio ha	Bewirtschafteter Wald Mio ha
Europa ohne UdSSR	136	133	130	41
UdSSR	743	425	350	(350)
Kanada, Alaska, USA	656	312	220	88
Latein-Amerika	890	329	83	6
Afrika	801	284	108	12
Asien ohne UdSSR	525	311	232	52
Australien, O-Neuguinea, Pazif. Inseln	86	20	17	9
Summe	3837 = 100%	1814 = 47,5%	1140 = 29,7%	558 = 14,5%

Tabelle 4. *Anteil der von Nadel- oder Laubholz beherrschten Waldflächen der Erde in Mio ha*

Nadelholzfläche		Laubholzfläche	
Gesamt	in Nutzung	Gesamt	in Nutzung
1280 = 33,0%	599 = 15,7%	2557 = 67,0%	525 = 13,7%

der Nähe der Waldgrenze noch mit Bäumen bestanden sind, gehören zu den „unproduktiven" Wäldern. Der Forstmann kennzeichnet damit Wälder, die für wirtschaftliche Auswertung zu gering bestockt und auch nicht verbesserungsfähig sind. Etwa 1350 Mio ha, das sind 35% der Gesamtwaldfläche, rechnen heute zu den unproduktiven Wäldern, die zu nutzen nicht lohnend und deren Überführung in bewirtschafteten Wald erst recht nicht möglich ist.

Warum, so dürfen wir uns fragen, wird erst die Hälfte des genutzten Waldes planmäßig bewirtschaftet? Wenn wir die unsichere Angabe aus UdSSR absetzen, dann sind es sogar nur

27% der genutzten Waldflächen, auf denen Nachhaltswirtschaft getrieben wird. Diese aufschlußreiche Zahl erklärt sich aus der wichtigsten Eigenart jeder Waldwirtschaft: Kapitalinvestierungen werden erst nach Jahrzehnten durch Erträge belohnt, die zudem in der Regel nur eine bescheidene Rente des Kapitals bedeuten. Für ein privatkapitalistisches Denken ist Einrichtung nachhaltiger Waldwirtschaft also kein reizvolles Geschäft. Mindestens gilt das für Waldwirtschaft ohne unmittelbare Verbindung mit Holzindustrien. Deshalb waren es bisher i. a. nur 2 Besitzkategorien, die Waldwirtschaft einrichteten und betrieben: Der Staat, der volkswirtschaftlichen Überlegungen den Vorrang gibt vor privatkapitalistischen, und Privatbesitzer als Senioren seßhafter Familien, die in Generationen denken und werten. Es ist deshalb kein Zufall, daß Nachhaltwirtschaft am frühesten und besten eingerichtet wurde von den Verwaltungen der europäischen Kulturstaaten und von den alten europäischen Feudal- und Großbauerngeschlechtern; und es ist wiederum kein Zufall, daß in Lateinamerika, der Hochburg eines spekulativen Kapitalismus, und in Afrika, dem klassischen Gebiet des Kolonialkapitalismus, der Anteil des bewirtschafteten Waldes am genutzten Wald nur 8% bzw. 11% beträgt. Sehr interessant ist es aber nun, daß seit 1910 die großen Holznutzungs-A.G. in Skandinavien und Finnland das Beispiel dafür geliefert haben, daß auch kapitalistische Gesellschaften beste Nachhaltswirtschaft einzurichten und zu unterhalten vermögen und zwar ohne Zwang, im wohlverstandenen eigenen Wirtschaftsinteresse. Es hat sich nämlich gezeigt, daß eine Holzindustrie hoher Kapazität auf gleichmäßig zuverlässige Lieferung des Rohstoffes angewiesen ist. Die fixen Kosten werden infolge der hohen Investierung in den Werken untragbar hoch, wenn infolge Raubbau in den frachtgünstig gelegenen, liefernden Wäldern eines Tages der Holzzugang aufhört und dann das Holz aus transportungünstigen Gebieten sehr teuer beschafft werden muß, wenn nicht große Teile der Kapazität der hochwertigen festen Anlagen ungenützt bleiben sollen. So wenig es also einen Kapitalisten reizen kann, eine Waldwirtschaft allein zu betreiben, so sehr zwingt auch ihn eine mit dem Wald verbundene, entwickelte Holzindustrie zur Nachhaltswirtschaft strengen Stils. Auch in Kanada und USA finden wir deshalb seit einigen Jahren

10

Ansätze, die das in Skandinavien und Finnland gegebene Beispiel nachahmen.

Mehr noch als Wirtschaftsinteresse ist aber die wachsende Erkenntnis von der Bedeutung des Waldes als Träger von Wohlfahrtswirkungen Anlaß dafür, daß heute in allen Staaten der Erde die Bestrebungen mehr und mehr an Boden gewinnen, den Wald überhaupt — und speziell den genutzten Wald — durch planvolles Arbeiten als stetig fließende Quelle von Holznutzung und gleichzeitig als Träger von Wohlfahrtswirkungen zu erhalten. Wir dürfen erwarten, daß der Anteil des bewirtschafteten Waldes laufend zunimmt und in nicht allzu ferner Zukunft das Bild der durch Raubnutzung im Stil des „Cut over and got out" zerstörten Wälder der Vergangenheit angehört.

Deutschland gilt neben Frankreich und Österreich in der Welt als das „Mutterland" der Forstwirtschaft. Fast ein Jahrhundert lang galt die älteste, 1816 von H. COTTA gegründete Forstliche Hochschule Tharandt bei Dresden als ein „Mekka" der Forstleute aus aller Welt. Auch der Internationale Verband Forstlicher Forschungsanstalten wurde 1892 in Eberswalde auf deutsche Initiative gegründet, und in vielen Ländern der Welt, u. a. in Burma und Indien (BRANDIS und SCHLICH) und USA (FERNOW und SCHENCK) ist eine geordnete Forstwirtschaft durch nach Geburt und Werdegang deutsche Forstmänner eingeleitet worden. Inzwischen haben sich in allen Kulturländern Forstwirtschaft und Forstwissenschaft kräftig und eigenständig entwickelt, und das deutsche Forstwesen hat seinerseits bereits bedeutsame Impulse und wissenschaftlich wohlfundierte Erfahrungen aus anderen Ländern, besonders aus Skandinavien, Finnland und aus der Schweiz empfangen.

Die Wälder des „Mutterlandes der Forstwirtschaft" haben freilich durch den Zweiten Weltkrieg und seine Folgen ungeheure, nur sehr langwierig ersetzbare Einbußen erlitten. Die Waldfläche des deutschen Reichsgebietes von 1937 betrug 12 675 000 ha. Der Bundesrepublik Deutschland verblieben hiervon nur noch 6 933 000 ha, das ist etwa die Fläche des Landes Bayern von 1956. Rund 114 000 Erwerbspersonen sind bei der Bewirtschaftung dieser Waldfläche der Bundesrepublik eingesetzt, also 1 Arbeitskraft auf 60 ha. In der sowjetischen Besatzungszone liegen

2 942 000 ha, im Saargebiet 83 000 ha und in deutschen Provinzen ostwärts Oder und Neiße etwa 2 717 000 ha Wald. Auf 8% der Waldfläche der Bundesrepublik herrschen Eichen, auf 23% Rotbuchen, auf 27% Kiefern und auf 42% Fichten. Ursprünglich, vor Eingreifen der Menschen, war der Anteil der Laubhölzer im deutschen Wald wesentlich größer. Zwei Dritteilen mit Laubbäumen bewachsener Fläche stand damals nur ein Dritteil mit Nadelbäumen bewachsener gegenüber. Durch die Übernutzungen seit 1934, insbesondere in der Zeit von 1945—48, sank der nutzbare Vorrat je ha der Waldfläche in der Bundesrepublik um 31 m³, während er für nachhaltige Volleistung um mindestens 45 m³ höher sein sollte. Um diese anzustrebende untere Grenze des optimalen produzierenden Vorrats in einigen Jahrzehnten zurückzugewinnen, dürfen wir jetzt bis auf weiteres nicht den gesamten jährlich in unseren Wäldern ansetzenden Holzzuwachs nutzen, und deshalb schlagen wir bis auf weiteres aus den Wäldern der Bundesrepublik je Jahr nur 21 Mio m³ ein (davon 5,6 Mio m³ Laubholz, 15,4 Mio m³ Nadelholz). Damit sparen wir je Jahr etwa 4—5 Mio m³ ein, die den produzierenden Vorrat um den gleichen Betrag erhöhen. Selbst bei solcher Zurückhaltung dürfen wir erst in etwa 70 Jahren hoffen, den Zielvorrat für optimale Produktion wieder erreicht zu haben. Als Folge wesentlich weiter getriebener Übernutzung und Vorratsminderung ist zwischen Oder/Neiße und Elbe/Werra heute aber höchstens ein Einschlag von 5,4 Mio m³ Holz je Jahr zulässig (0,86 Mio m³ Laubholz und 4,54 Mio m³ Nadelholz). Hier wird leider eine noch längere Zeit zur vollen Sanierung erforderlich sein als in den Wäldern der Bundesrepublik. Grobe Sünden am Wald sind stets mühsam und nur äußerst langsam wieder gutzumachen.

Wenngleich die nach 1945 entstandenen Großkahlschlagflächen in Deutschland inzwischen wieder aufgeforstet wurden, wird die Bundesrepublik noch für Jahrzehnte rund $^1/_4$—$^1/_3$ des Holzbedarfes ihrer Wirtschaft durch Einfuhr abzudecken haben. Diese Einfuhr ist notwendig, damit unbedingt Eingriffe einer solchen Stärke in den deutschen Wald vermieden werden, die seine Wohlfahrtswirkungen beeinträchtigen; solche Einfuhr ist aber auch möglich, weil Länder mit großen Reserven an Wald noch lange den Fehlbedarf europäischer Länder an Holz im Austausch gegen deren Industrieprodukte abdecken können und wollen. Das Holzproblem der Welt ist nur ein Erschließungs- und Transportproblem, denn — wie wir oben sahen — harren noch 690 Mio ha bereits erschlossenen Waldes der Nutzung und weitere rund 650 Mio ha produktiven Waldes der Erschließung. Die hochindustrialisierten Völker haben großes Interesse an der Weiterführung solcher Einrichtung und Erschließung, damit sie nach zwei verheerenden Weltkriegen endlich ihren eigenen übernutzten Waldresten die notwendige Schonung gewähren können.

II. Die natürlichen Waldformationsklassen

1. Tropen und Subtropen

Im Tropengürtel zwischen den Wendekreisen finden wir etwa 45 % der Waldflächen unserer Erde. Gleichwohl sind neben durch Wald gekennzeichneten Vegetationsgebieten auch hier ausgedehnte Flächen von Wüsten, Halbwüsten und Dornsavannen, und zwar vor allem in Afrika (Sahara und Kalahari), Südarabien und Nordaustralien anzutreffen. Soweit der Gürtel zwischen den Wendekreisen von Wald beherrscht wird, lassen sich — ungeachtet bedeutsamer örtlicher floristischer Unterschiede — diese Wälder in drei Vegetationsgebiete einordnen.

a) Der Tropische Regenwald

Der Tropische Regenwald ist so recht eigentlich das, was uns vorschwebt, wenn wir ohne nähere Erläuterung von „Urwald" sprechen. Wir treffen ihn in der Höhenlage bis etwa 600 m über NN[1] mit Masse an zwischen etwa 10^0 nördlicher und 10^0 südlicher Breite. Nach Kuba und Hinterindien greift, ermöglicht durch ständig Regen zuführende Seewinde, eine Zunge des Regenwaldes bis fast 28^0 N und an der Küste Brasiliens sogar bis fast 30^0 S vor.

Der Tropische Regenwald verteilt sich auf drei im Grundcharakter des Aufbaus sehr ähnliche, nach floristischer Zusammensetzung sehr unterschiedliche Komplexe. In der Hyläa von

---

[1] NN = Normal-Null = Seehöhe.

Südamerika, mit dem Kern des Amazonas- und Orinoko-
beckens herrschen Leguminosen vor. Dieser größte Regenwald-
komplex ist auch der artenreichste. In Afrika sind Kongobecken,
Kamerun und die Guineaküste Herrschaftsgebiet des Regenwaldes. Obwohl dieser Block der relativ artenärmste ist, ist er der
für Europa z. Z. noch wichtigste als Lieferant von Tropen-
hölzern. Der Regenwald Südostasiens, in dem Bäume aus der

Abb. 3. Typischer Anblick eines primären Tropischen Regenwaldes, aus dem
bereits die wertvollen Stämme, hier Afzelia palembanica, herausgeschlagen
wurden; der überragende Baumriese ist Koompassia excelsa, die über 70 m
hoch werden kann (Nordsumatra)

Pflanzenfamilie Dipterocarpaceen kennzeichnend vorherrschen,
findet sich vor allem in Malaya, Teilen von Hinterindien, auf den
Philippinen, auf Sumatra, Borneo und Westjava. Neuguinea ist
floristisch durch das Fehlen der Dipterocarpus-Arten und Hinzu-
tritt von Araukarien eine eigene floristische Provinz. Der Diptero-
carpus-Urwald ist dank der bis 60 m auftretenden Scheitelhöhen
und der vollholzigen, astreinen Schäfte der Shorea-, Hopea- und
Dipterocarpus-Arten der nach Nutzholztüchtigkeit ertragsreichste
der drei großen Tropenwaldblöcke.
   Das Vorkommen des Tropischen Regenwaldes ist gebunden an
hohe gleichbleibende Durchschnittstemperatur ($+ 24^0$ bis $+ 28^0$C)

bei geringen täglichen und jahreszeitlichen Schwankungen und hohen Niederschlägen — mindestens etwa 1800 mm je Jahr — während des ganzen Jahres. Wenn sich der Regenwald in voller Üppigkeit entfalten soll, dürfen nicht mehr als $2^1/_2$ Monate im Jahr mit je Monat weniger als 100 mm Niederschlag vorkommen. Der Tropische Regenwald, der „evergreen forest" des englischen Schrifttums, ist ausgezeichnet durch das gänzliche Fehlen jahreszeitlicher Änderungen im Vegetationsbild. Es fehlt der periodisch wiederkehrende Laubabfall und Kahlstand; stetiges Vergehen und stetiger Neuaufbau von Substanz spielen sich während des ganzen Jahres ohne auffällige Rhythmik ab. Der Eindruck, der den Menschen beim Anblick eines Regenwaldes geradezu überwältigt, ist derjenige überquellender Üppigkeit und einer unerschöpflichen

Abb. 4. Im Inneren eines durch Rotan, Lianen und Würgerfeigen undurchdringlichen Regenwalddschungels, der Heimat von Schlangen und Tigern (nördl. Padang, Westsumatra)

Fruchtbarkeit. Aus dem dämmerigen Dunkel des Urwaldgrundes vermag der Blick nicht bis zu den Kronen der herrschenden Stämme zu dringen. Bäume jeder Größe, vom aufschießenden Jungwuchs und dornen- und hakenbewehrten Strauchwerk bis zum 60 m hoch aufragenden, 2—3 m starken Riesen, umrankt von Lianen, besetzt mit Moosen und Orchideen, umfaßt von Würgefeigen, füllen mit ihrem Blattwerk den Raum vom Boden bis zum Kronendach.

So überwältigend die Fülle der Vegetationsentfaltung, so überwältigend ist auch der Reichtum an Baumarten. Weit über 10000 verschiedene Baumarten wurden bereits im Tropischen Regenwald bestimmt, und noch immer werden weitere Arten entdeckt. Während wir im Naturwald unserer Breiten selten mehr als 3 verschiedene Baumarten auf der Flächeneinheit von 1 ha antreffen können, begegnen wir je ha der Regenwaldfläche 40—150 Arten. Nur von wenigen Arten aber kommen mehrere Stämme auf 1 ha des Regenwaldes vor, fast nie sind es mehr als 5 Bäume der gleichen Art. Während in Mitteleuropa überhaupt nur einige 50 Baumarten heimisch sind, wurden für ein Tropenland wie Indonesien bereits über 3000 Arten festgestellt. Die strotzende Fülle des unangerührten Tropischen Regenwaldes täuscht nun leicht darüber hinweg, daß fast alle Regenwälder auf mineralisch weitgehend verarmten Böden stehen. Die gleichbleibende Wärme bei reichlicher Feuchtigkeit fördert und beschleunigt den Ablauf der meisten chemischen Prozesse, so daß aus den Tropenböden der Regenwaldregion die Nährsalze weitgehend herausgelöst sind und auch quellungsfähige Tone als Nährstoffträger fehlen. Die Rolle, die die Tone als Nährstoffträger in unserem Boden spielen können, muß in den Tropen-

Abb. 5. In der Brackwasserzone von Insulinde liegt zwischen Fluß und Urwald ein manchmal kilometerbreiter Gürtel von 12 bis 15 m hohen Nipapalmen (Ostborneo)

böden der Humus übernehmen. Da aber auch aller Bestandesabfall — Blätter, Zweige, Fallholz — überaus rasch über eine nur kurze Humusphase vollständig abgebaut wird, kann der Regenwald nur gedeihen, wenn stetig sehr reichlich Bestandesabfall dem Boden zugeführt wird und solange dieser Abfall Zug um Zug mit seinem Abbau durch intakten Waldbewuchs wieder in den Kreislauf eingefügt wird. Der Regenwald lebt also weitgehend „von den eigenen Exkrementen", er muß sich so helfen, weil die aus Verwitterung des Gesteins nachschaffende Kraft der rasch alternden Tropenböden nur mehr äußerst gering ist. Diese

16

überaus wichtige Eigenheit des Haushaltes Tropischer Regenwälder erklärt die den Unkundigen bestürzende Tatsache, daß ein Regenwald üppigster Fülle nach Kahlschlag, Überbrennen des Schlages und 1—2jährigem Hackbau nur noch von einem kümmerlichen Sekundärbusch, bei kurzfristiger Wiederholung dieses als Geißel der Tropenländer weit verbreiteten Brand-Hackbaus („shifting cultivation" oder „Ladangen") schließlich von einer ertraglosen Rasenformation aus Alang-Alang (Imperata cylindrica) abgelöst wird. Da der primäre Regenwald fast alle am Ort verfüglichen Nährstoffe im Umlauf hält, vermag eine Zerstörung dieses Waldes durch Brand und extensiven Feldbau die Fruchtbarkeit in kürzester Frist auf Jahre oder Jahrzehnte völlig zu zerstören. Wie unendlich langsam sich nach einer solchen Zerstörung der

Abb. 6. Normale Stockhöhe bei Fällung des wertvollen Eisenholzes in Ostborneo (Eusideroxylon zwageri); mehr als 2 m³ vom wertvollsten Schaftstück bleibt mit diesem Stock im Wald

echte primäre Regenwald wiederherstellt, erweisen Beispiele aus Yucatan und Malaya. Hier ist der Bodenzustand von nachweislich bereits vor 400 bzw. 500 Jahren nach Hackbau verlassenen Flächen unter dem folgenden Sekundärwald noch immer deutlich ungünstiger als unter durch Ackerbau nie unterbrochenem Primärwald auf gleichem ursprünglichem Standort. Der durch seine Üppigkeit so tief beeindruckende Tropische Regenwald ist also ein sehr empfindliches Gebilde, und wir werden auch sehen, daß die aus ihm nachhaltig abschöpfbare Holznutzung

verhältnismäßig gering ist, weil er eben den größten Teil seiner
Substanzproduktion zu seiner eigenen Erhaltung sofort wieder
in den Kreislauf einführen muß.

b) Regengrüne Gehölze

An den Gürtel des Regenwaldes, also zwischen 10—23⁰ N
und S schließt sich eine Zone an, in der infolge Vorkommens ausgeprägter Trockenzeiten „Regengrüne Gehölze“ (im englischen

Abb. 7. Typische „Ladang“-Landschaft (Shifting cultivation) am G. Ophir
(3200 m) in Südwestsumatra. Der durch Schlag und Brand beseitigte Wald
kehrt nach 1—2jähriger Feldbauphase als Busch zurück; nach jeweils etwa
15 Jahren folgt wieder 1 Jahr Feldfruchtbau

Schrifttum moist deciduous, semi deciduous oder deciduous) vorherrschen. Auch bereits innerhalb des $\pm$ 10⁰ Gürtels finden wir
diese Formation dort, wo der Monsun einen regelmäßigen Wechsel klar ausgeprägter Regen- und Trockenzeit auslöst. Zwischen
18⁰ N und S pendelt mit dem höchsten Sonnenstand eine durch
Überhitzung entstehende äquatoriale Tiefdruckfurche. Dadurch
können bei günstiger Lage zur See feuchtigkeitsgeschwängerte
Winde auf sonst trockenes Land zuströmen und der Sommer-
monsun leitet dann eine sommerliche Regenzeit ein. Hier sind
denn auch die Regengrünen Gehölze zu Hause. Innerhalb der
Regengrünen Gehölze können wir unterscheiden: Die „Feuchtsavannen“, wo 7—9¹/₂ humide (über 100 mm Niederschlag)

18

Monate vorkommen, und die „Trockensavanne" mit nur $4^1/_2$ bis 7 humiden Monaten. Die Regengrünen Gehölze haben ihren bezeichnenden Namen von ihrer Eigenschaft, mindestens bei den Bäumen des oberen Kronendaches periodisch das Laub abzuwerfen, so daß diese während der Trockenzeit kahl stehen. In den Feuchtsavannen werfen in der Regel nur die Bäume des Ober-

standes ab, während die Bäume und Sträucher des Unterstandes noch „immergrün" bleiben. In der Trockensavanne wirft dann auch die Unterschicht das Laub ab und zeigt wie der Oberstand einen Kahlstand von mehreren Monaten. Interessanterweise zeigen sich die Galeriewälder entlang der Flüsse nach Floristik und Gefüge jeweils nahe verwandt der typischen Ausbildung der benachbarten, besser mit Niederschlägen bedachten Vegetationsformen: Die Galeriewälder der Feuchtsavanne

Abb. 8. 2,7 m starker, etwa 300 Jahre alter Teakstamm (Tectona grandis) in Ostjava

bleiben im ganzen immergrün wie die Regenwälder, die Galeriewälder der Trockensavanne werfen nur im Oberstand ab und der Galeriewald der Dornsavanne ähnelt auffallend dem Wald der typischen Trockensavanne.

Die Regengrünen Gehölze mit Feucht- und Trockensavannen sind z. Z. forstwirtschaftlich in der Regel noch interessanter als die Regenwälder. Sie sind weniger holzartenreich und lockerer bestockt und deshalb leichter aufschließbar. Einige besonders wertvolle, seit langem für den Export nach Europa exploitierte Hölzer sind im Gebiet der Regengrünen Gehölze heimisch. In

Abb. 9. Die jahrhundertelang nur ausgebeuteten und nie gepflegten Teak-
ausschlagswaldungen, vermutlich vor 2000 Jahren von Hindufürsten auf
Java angelegt, geben heute nur noch sehr geringen Nutzholzertrag

Abb. 10. Die gepflegten Teakplantagen der modernen Forstwirtschaft auf
Java mit Leucaena glauca als buschiger Hilfspflanze enthalten hohen Anteil
gerader, astreiner Schäfte mit wertvollem Nutzholz

diesem Vegetationsgebiet gedeiht in Burma, Siam und auch auf
Java das berühmte Teakholz (Tectona grandis) und in Afrika
u. a. Iroko (Chlorophora excelsa), Limba (Terminalia superba) und
Okoumé (Aucoumea klaineana). Der Sekundärwald nach Regen-
grünem Primärwald ist besonders reich an Bambusarten. Die
Trockensubstanzproduk-
tion ist zwar in diesem
Vegetationsgebiet we-
sentlich geringer als im
Regenwald, aber der als
Holz nutzbare Anteil an
der Substanzproduktion
ist höher.

c) Montaner Regenwald

An die Vegetations-
gebiete des „Regenwal-
des" und der „Regengrü-
nen Gehölze" schließt
sich, etwa bei 600—800 m
über NN beginnend, der
„Montane Regenwald"
der Tropenzone an. Diese
Formationsklasse ist wie-
derum durch recht gleich-
mäßige Verteilung der
Niederschläge während
des Jahres — ausgeprägte

Abb. 11. Typische Landschaft des Montanen
Regenwaldes in den Bergen von Westsumatra

Trockenzeiten fehlen hier — und durch geringe jährliche Schwankungen der Durchschnittstemperaturen gekennzeichnet. Im Gegensatz zum Regenwald der Ebene ist hier aber mit größeren
Schwankungen von Temperatur und Luftfeuchtigkeit im Tages-
ablauf zu rechnen. Besonders wolken- bzw. nebelreich ist die
Zone 1400—2300 m über NN. Am zeitigen Vormittag tragen alle
Vulkane auf Bali, Java und Sumatra in dieser Zone einen Wolken-
kragen um die Bergmitte, über die die Bergspitzen klar sichtbar
heraustreten. In der Zone über 2300 m über NN ist die Luftfeuchtigkeit wieder wesentlich geringer.

In den beiden unteren Stufen des Montanen Regenwaldes herrschen in der Regel Quercus- und Castanopsis-Arten (Eichen und
Kastanien), daneben kommen örtlich sehr verschiedene Baumarten vor. Typisch und das Auge verwirrend ist — vor allem in

Abb. 12. Im Montanen Regenwald sind die Bäume besonders dicht besetzt
mit Epiphyten, hier vorwiegend mit Vogelnestfarnen (G. Gede, Westjava
bei 1600 m)

der Nebelzone — eine geradezu überwältigende Fülle von Epiphyten: Moose, Flechten, Farne, Orchideen und Bromeliaceen,
die Äste und Zweige der Bäume so üppig und dicht besetzen, daß
man oft kaum noch einen Blick auf Blätter und Blüten des be-
setzten Stammes gewinnen kann. Der Nebelwald erhält dadurch
geradezu das gespenstische Aussehen eines Märchenwaldes. Ver-
stärkt wird dieser Eindruck durch die reichlich vom Boden
zwischen die Bäume hineinstrebenden, an den Steinkohlenwald
erinnernden, prachtvoll-mächtigen Baumfarne und zahlreiche
Bambus- und Rotan-Arten.

Abb. 13

Abb. 13. Montaner Regenwald in Westjava (Tjiwidej) bei 1600 m mit Rasamala (Altingia excelsa), dem König dieser Wälder, darunter Quercus- und Castanopsis-Arten und Baumfarn

Abb. 14. Kunstbestand von 30jährigen Agathis loranthifolia bei Sukabumi (Java), 1400 m über NN; Mittelhöhe 28 m

Abb. 14

Die Vegetationsgebiete des Montanen Regenwaldes sind — mindestens in den beiden Stufen 600—1400 und 1400—2300 m über NN — von beachtlichem forstwirtschaftlichem Zukunftswert.

Hier sind nämlich neben einigen Laubriesen, deren interessantester die prachtvolle Rasamala (Altingia excelsa) der Gebirge von Westjava bis Nordsumatra ist, Nadelhölzer heimisch: Agathis-Arten von Neuguinea bis Celebes, Araukarien (Verwandte unserer „Zimmertanne") auf Neuguinea und in Südamerika, Podocarpus-Arten in allen Tropenregionen und Pinus-Arten (Kiefern) in Zentralamerika und von Nordsumatra über Malaya, Indochina bis zu den Philippinen. Wo in den Bergwäldern keine dieser Koniferen von Natur aus vorkommt, sind sie mindestens anbaufähig, und mit der wirtschaftlichen Entfaltung der seit dem Zweiten Weltkrieg in den Tropen entstandenen autonomen Staaten wird sicherlich das Vegetationsgebiet der Montanen Regenwälder ein besonders wichtiges und dankbares Objekt forstwirtschaftlicher Aufbauarbeit sein.

Abb. 15. Wird Montaner Regenwald auf kleiner Fläche sofort nach Schlag durch eine Baumplantage ersetzt, dann kann der Holzertrag erstaunlich hoch sein. 15jährige Plantage von Eucalyptus saligna bei 800 m mit über 40 m Scheitelhöhe (Suberwringin, Ostjava). Beachte die menschlichen Gestalten als Bezugsgröße!

In diesen Gebieten wird vor allem die Rohstoffgrundlage für Faser- und Papierindustrie der neu entstandenen selbständigen Staaten zu entwickeln sein.

Im Sekundärwald dieses Gebietes gewinnen Baumfarn und Bambus augenfällige Vorherrschaft. Weitergehende Zerstörung durch Ladangen führt dann zu ähnlichen, von Alang-Alang mit Adlerfarn beherrschten Ödländereien wie nach Regenwald in der Ebene. In bedrückend großartiger Ausdehnung finden sich Ödländer dieser Art in der Umgebung des Tobameeres in Nordsumatra zwischen 900 und 1500 m über NN.

Die Höhen über etwa 2300 m werden in den Tropen vermutlich höchstens in den Anden örtlich forstwirtschaftliche Bedeutung gewinnen. Erstaunlicherweise ist es bei La Paz geglückt, Eukalypten noch bei > 4000 m zu Bäumen erwachsen zu lassen. Die Baumgrenze, die im Tropengürtel sonst zwischen 3200—3600 m über NN erreicht wird, ist dort gesetzt, wo man fast jeden Tag mit nächtlicher Unterschreitung des Nullpunktes — also mit Frost — rechnen muß. Bei den großen täglichen Temperaturspannen kann hier möglicherweise trotzdem noch über der Baumgrenze eine für Baumwachstum an sich mehr als ausreichend lange Periode von Tagen mit mindestens $+10^0$C Tagesdurchschnitt beobachtet werden. Die alpine Baumgrenze ist eben durch einen anderen Faktorenkomplex bestimmt als die arktische.

2. Die Wälder der gemäßigten und kühlen Zone

a) Wälder und Gehölze des warmtemperierten Gürtels

1. Die Hartlaubgehölze. Die Formationsklasse der Hartlaubgehölze, die sog. Etesienformation, ist makroklimatisch gekennzeichnet durch milde Winter mit Regenfall und heiße, dürre Sommer. Hier herrschen immergrüne, trockenresistente Holzpflanzen, deren harte, dicke, lederartige Blätter zur Bezeichnung „Hartlaubhölzer" geführt haben. Die Formation findet sich in typischer Ausbildung in den Küstenländern und auch auf den Inseln des Mittelmeeres, an der Südwestecke des Kaplandes, in Südwest- und Südostaustralien, im Küstengebirge Kaliforniens und in den Bergen zwischen 1000 und 2000 m von Mittelchile zwischen La Serena und Talca.

Die ursprünglichen Wälder dieser Region sind, vor allem in den Mittelmeerländern, durch uralte Kultur vielfach verändert oder vernichtet. Überall, wo das nicht geschehen ist, finden wir die Gehölze dieser Region sehr charakteristisch entwickelt als schwer durchdringbare Strauchformation, mehr oder weniger dicht durchstellt mit niedrigen, allenfalls mittelhohen Bäumen. Die Hartlaubregion Südwestaustraliens macht insofern eine hochwichtige Ausnahme, als hier in Gestalt von Eukalypten auch Bäume erster Klasse vorkommen, die geschlossene Hochwälder von sehr

stattlichen Dimensionen bilden können. Im übrigen herrschen
aber in der Hartlaubregion über dichterem, sperrigem, dornigem
Busch niedere massive Stammformen mit knorriger Beastung,
meist immergrünen, ledrigen, kleinen Blättern und häufig ausgeprägter Borken- und Korkbildung. Diese typische Vegetations-

Abb. 16Abb. 17

Abb. 16. Landschaft mit durch Beweidung aufgelöstem Bewuchs in der Zone
der Hartlaubgewächse, Mapochotal ostw. Santiago bei 900 m; am Fluß eine
Gruppe Eucalyptus globulus

Abb. 17. Beweidete Landschaft in der Kordillere ostw. Santiago bei 1600 m

form der Hartlaubgewächse wird im Mittelmeer „Macchie" ge-
nannt. Diese Macchie geht in den trockensten Teilen der Region
in einen gänzlich baumfreien, niedrigen Busch, die als „Garigue"
bekannte Felsenheide über.

Im Mittelmeergebiet sind als Bäume mehrere Eichen wie Quer-
cus ilex (Steineiche), Qu. coccifera (Kermeseiche) und Qu. suber

26

(Korkeiche) und die Koniferen Pinus halepensis (Aleppokiefer), Pinus pinea (Pinie), Juniperus oxycedrus und excelsa (2 Wacholderarten) und die bekannte Zypresse, Cupressus sempervirens, ursprünglich vorherrschend gewesen. Auf den Kanarischen Inseln ist die für die Forstkultur wichtig gewordene Kiefer Pinus canariensis heimisch, die die bei Koniferen so seltene Fähigkeit besitzt,

Stockausschlag zu bilden, d. h. neue Schosse aus dem Baumstumpf zu treiben. Der Ölbaum (Olea europaea) hat in der ganzen Region durch die Kultur bedeutend an Verbreitung gewonnen.

Im Hartlaubgebiet des Kaplandes ist der bemerkenswerteste Baum Leucadendron argenteum, der Durchmesser bis 60 cm erreichen kann. Die „Chaparral"-Formation der Coast Range in Kalifornien ist der Macchie der Mittelmeerküstenländer überaus ähnlich und ebenfalls wie jene durch Eingriffe des Menschen stark einge-

Abb. 18. Typische Espinoheide (Acacia cavenia) auf überweidetem, ehemaligem Weizenschlag (Chile, südl. Chillán — siehe auch Abb. 58)

schränkt worden. Charakterarten sind wiederum einige immergrüne Eichen. Daneben kommen auch winterkahle Eichen vor und ferner noch Verwandte unserer Roßkastanie und der Edelkastanie; die Kiefer (Pinus radiata) und die Zypresse (Cupressus macrocarpa) sind zwei Koniferen Südkaliforniens, die — wie wir weiter unten noch sehen werden — eine große Bedeutung für Ödlandaufforstung in der Hartlaubregion gewonnen haben. Das Hartlaubgebiet Mittelchiles wird beherrscht von schwer durchdringbarem, immergrünem Busch, der hier und da von Bäumen überragt wird. I. d. R. ist der Bewuchs als Folge von Beweidung aber in Gebüschgruppen aufgelöst. Quillaja saponaria und Lithraea caustica sind fast nie fehlende Charakterarten. Sehr häufig sind daneben Colliguaya odorifera, Aristotelia maqui und Fabiana imbricata. Überaus verbreitet ist Acacia cavenia, der sog. „Espino". Espino ist an sich Charakterart der Übergangsregion zwischen Wüste und Hartlaubzone mit Winterregen. Er beherrscht riesige Flächen im mittleren Westargentinien und im chilenischen Längstal. Auf überweideten, degenerierten ehemaligen Hartlaubflächen in Mittelchile hält heute Espino ausgedehnte Flächen zwischen Rio Elqui und Rio Laje (37°S.) besetzt.

Eine von den bisher behandelten Hartlaubgebieten abweichende Physiognomie hat die entsprechende Region Australiens. Ihr geben Eukalyptus-Arten, die in der Regel Reinbestände aus hohen Bäumen bilden, das Gepräge. Das Unterholz der Eukalyptuswälder wird von Hartlaubgebüsch gebildet. Auch die „Scrub" genannte Strauchheide der trockensten Teile der australischen Hartlaubregion besteht noch vorwiegend aus Eukalypten. Daneben kommen hier Akazien und die eigenartigen Casuarinen vor.

Abb. 19. 50jährige Pinus radiata nach Espinoheide, aufgeforstet bei Lota (Südchile); Durchmesser bis 80 cm, Scheitelhöhen bis über 40 m

Die Region der Hartlaubgehölze ist im Vergleich zu den Wäldern der Tropen und der borealen Zone von verhältnismäßig geringer Ausdehnung. Auch ist der Zuwachs an verwertbarem Nutzholz von Natur aus hier je Zeit- und Flächeneinheit i. a. recht bescheiden. Da aber diese für menschliche Dauersiedlung sehr angenehme Region seit der ältesten Zeit dicht besiedelt ist, haben die örtlichen Wälder doch eine große wirtschaftliche Bedeutung und wichtige Schutzaufgabe. In jüngerer Zeit hat man zudem erkannt, daß einige Baumarten dieser Region sich mit geradezu glänzendem Erfolg in Holzplantagen erziehen lassen. So haben einige Eukalyptus-Arten und Pinus radiata inzwischen in allen Teilen der Hartlaubregion Heimatrecht erworben und bringen nutzbare Holz-

Abb. 20   Abb. 21

Abb. 20. Dichter Feldrandstreifen von 30jährigen Eucalyptus globulus; Durchmesser bis 60 cm, Scheitelhöhe bis 30 m

Abb. 21. 40jährige Cupressus macrocarpa; Ödlandaufforstung ostw. Lota (Südchile); Scheitelhöhe 25 m

erträge in einer Höhe, wie sie bisher nie und nirgend aus Forstwirtschaft erzielt werden konnte. So kann man von den heute etwa 300 000 ha umfassenden Aufforstungen mit Pinus radiata in Chile je ha und Jahr etwa das 4—5fache des Holzertrages erwirtschaften, der in den gepflegten Großwaldungen Deutschlands im Durchschnitt nachhaltig anfällt. Eukalyptus-Arten bringen sogar die höchste erntbare Substanzerzeugung, die überhaupt irgendwo auf der Erde von einem natürlichen Pflanzenbestand oder einer Plantage je aufgebaut wurde. Erntbarer Trockensubstanzzuwachs bis zu 40 t je Jahr und ha ist zuverlässig ermessen worden. Durch diese Möglichkeit der Holzerzeugung in Plantagen mit hohen Erträgen hat die Region der Hartlaubgewächse in jüngerer Zeit erheblich an forst- und holzwirtschaftlicher Bedeutung gewonnen. In Sizilien, Portugal und Chile gründen sich heute bereits Industrien auf das aus Pinus- oder Eukalyptusplantagen anfallende Holz, und diese Entwicklung wird in den nächsten Jahren rasch weitergehen.

2. Die Temperierten Regenwälder. Der Temperierte Regenwald kommt nur an einigen wenigen Stellen der Erde vor. Er bildet sich dort aus, wo verhältnismäßig warme Sommer und milde Winter und in langer Vegetationszeit lange warme Tage und kürzere kühle Nächte mit ganzjährigem reichlichen Regenfall gekoppelt vorkommen. In der langen Vegetationszeit mit günstigem Lichtklima wird reichlich assimiliert, in den kurzen kühlen Nächten wenig veratmet, so daß ein großer Assimilationsüberschuß als hoher nutzbarer Zuwachswert in Erscheinung tritt.

Wie im Tropischen Regenwald herrschen auch im Temperierten Regenwald i. a. immergrüne Bäume vor; die daneben auch

Abb. 22. Typischer Landschaftsausschnitt aus dem Temperierten Regenurwald der Anden von Südchile bei 500 m ostw. Osorno

auftretenden, laubab-
werfenden Bäume sind
nicht „regengrün" wie
im Monsunwald, son-
dern „sommergrün".
Reiches Unterholz und
Vorkommen von holzi-
gen Lianen und epiphy-
tischen Farnen verstär-
ken im Sommer die
optische Ähnlichkeit
zum Tropenwald, be-
sonders zu manchen

Abb. 23. Der Temperierte
Regenurwald ostw. Villarica
in 700 m mit Nothofagus-
Arten erinnert in seiner
Dichte an den Tropischen
Regenwald

Abb. 24. Temperierter Regenurwald, Fundo Trafún, ostw. Villarrica bei 870 m;
der starke Stamm ist Nothofagus dombeyi, Höhe 50 m, Durchmesser 3,5 m

Vorkommen des tropischen Montanen Regenwaldes. Temperierter Regenwald findet sich in Mittelchina, Südwestkorea, Südjapan und Neuseeland und in besonders schöner Entwicklung in Südchile vom Rio Bio-Bio bis Punto Arenas. In Mittelchina ist der Wald von der jahrtausendealten Kultur bis auf unbedeutende Reste verdrängt worden. Ein reiches Vorkommen von Bambusen ist kennzeichnend für ihn. Auch in Japan sind die Reste natürlichen Regenwaldes nur noch sehr klein. Hochstämmige, immergrüne Eichen, der Kampferbaum (Cinnamomum camphora), Magnolien und einige Koniferen wie Pinus thunbergii, Cunninghamia lanceolata und die auch in unsere Parks eingebrachte Cryptomeria japonica sind Charakterarten der japanischen Unterregion.

Abb. 25. Nebelzone des Temperierten Regenurwaldes nahe Baumgrenze bei Refugio Antillanca ostw. Osorno bei 1000 m; typisch ist der starke Flechtenbehang sowohl am Stamm der herrschenden Nothofagus dombeyi als auch an den unterwüchsigen Nothofagus pumilio

Der Temperierte Regenwald Neuseelands findet seine charakteristische Ausprägung auf der Westseite der Südinsel, wo bis zu 3000 mm Niederschlag je Jahr fallen. Nothofagus-Arten, denen wir auch in Chile wieder begegnen werden, geben neben Podocarpus- und Dacrydium-Arten dem üppigen Regenwald Neuseelands das Gepräge. Auf der Nordinsel kommen Partien von fast tropischer Üppigkeit vor. Über dichtem, reich mit Baumfarnen durchstelltem Unterwuchs türmen sich hier die hohen Säulenschäfte der Agathis

australis auf, die zu den machtvollsten Bäumen der Erde überhaupt gehörten.

Die größte Ausdehnung findet der Temperierte Regenwald
heute noch in Südchile. Von den Berglagen am Rio Maule bis

Abb. 26. 200jähriger Bestand von Kampferbaum im Temperierten Regenwald
der japanischen Fukuoka-Provinz; Mittelhöhe der Stämme 27 m, mittlerer
Durchmesser 1,0 m

zur Küste des Magallanesgebietes herrschen bzw. herrschten
die chilenischen Nothofagus-Arten. In den unteren Lagen nahm
„Roble" (Nothofagus obliqua) einstmals die Vorherrschaft ein.
Ihr Standort wird aber heute überwiegend von Feld und Weide
eingenommen. „Rauli" (Nothofagus procera), wegen ihres wertvollen Holzes heute auf schwer zugängliche Gebiete beschränkt,
ist ein Baum der Berglagen zwischen 350 und 900 m; die größte

und stattlichste Nothofagus-Art ist die immergrüne „Coigue" (Nothofagus dombeyi), die Höhen bis 45 m und Durchmesser bis 4 m leicht erreichen kann. Sie stellt den größten Anteil am Holzvorrat Chiles, begnügt sich mit geringem Boden und kommt

Abb. 27   Abb. 28

Abb. 27. Araucaria araucana bei 1400 m, nahe der Baumgrenze im Fundo Trafún

Abb. 28. Urwald von Alerce (Fitzroya patagonica) bei 800 m in der Küstenkordillere südl. Valdivia

mit Nothofagus pumilio (Lenga) bis zu Höhen von über 1000 m vor. Lenga und Nirre (Nothofagus antarctica) bilden dann die Waldgrenze in den Anden. Neben den Laubhölzern beherbergt der Wald Südchiles eine Reihe sehr wertvoller Koniferen. Zwischen Valdivia und dem Nordteil der Provinz Aysén ist die prachtvolle Alerce (Fitzroya patagonica) heimisch. Der Baum kann Höhen bis über 70 m und Durchmesser bis 5 m und ein

Lebensalter von mehr als 2000 Jahren erreichen. Das überaus wertvolle Holz ist fast unbegrenzt dauerhaft. Zwischen 37° und 40° kommt in den Hochlagen der Küstenkordillere und den Anden nahe der Baumgrenze die höchst eigenartige Araucaria araucana vor, die wie ein Überbleibsel aus älteren geologischen Weltzeitperioden anmutet. Auch diese Araukarien können Alter bis zu 1000 Jahren und Durchmesser bis fast 4 m erreichen. Die

Abb. 29. Ein über 2000 Jahre alter Alerce-Riese ist im südchilenischen Urwald Chaihun gefallen

Wälder aus Alerce und Araukarie, die zu den eindrucksvollsten Zeugen pflanzlicher Lebensentfaltung auf der Erde überhaupt gehören, werden wahrscheinlich in Kürze der Gier gewissenloser Waldschlächter restlos zum Opfer gefallen sein. Weder Regierung noch Volk in Chile lassen vorerst den Willen erkennen, diese einzigartigen Naturdenkmäler vor der Vernichtung zu bewahren. Eine geringere Rolle im Regenwald von Südchile spielen einige Podocarpus-Arten (Mañiu) und zwei Libocedrus-Arten, die an bestimmt geprägten Standorten dieser Region vorkommen.

Der besondere Reiz des Temperierten Regenwaldes liegt darin, daß sein Gefüge, seine strotzende Üppigkeit und sein Artenreichtum ihn manchen Tropischen Regenwäldern sehr verwandt erscheinen lassen. All die Plagen, mit denen man sich aber bei Durchdringung Tropischer Regenwälder abfinden muß, wie Giftschlangen, Blutegel, Moskiten und Mücken, Tiger und Panther, und nicht zuletzt das feuchtheiße Klima fehlen im Temperierten Regenwald. Ich empfand den Marsch durch die Wälder Südchiles jedenfalls als reines Vergnügen im Vergleich etwa zum Marsch durch Teile des Regenwaldes auf Borneo und Sumatra. Auch die Überführung des Temperierten Regenwaldes in leistungsträchtigen Wirtschaftswald ist leichter und rascher erfolgreich durchzuführen als solche Überführung aus Tropischem Regenwald. Es ist deshalb besonders zu bedauern, daß gerade von diesem ohnedies nicht sehr verbreiteten Typ des Temperierten Regenwaldes der größte Teil bereits zerstört

Abb. 30. Lichtungen im Temperierten Regenwald Südchiles besetzt die „Quila" genannte Bambuse, die nach 25—30 Jahren blüht, dann zusammenbricht und erst danach wieder Raum für Aufwuchs von Bäumen freigibt

wurde und die Vernichtung des Restes im Gange ist. Das Makroklima dieser Region ist allerdings dem Waldwuchs so günstig, daß eine Wiederherstellung von Wald i. a. nicht schwierig ist, sofern nur die Abschwendung der Urwälder über extensiven Ackerbau bis zur Bodenerschöpfung nicht zur Bodenerosion führt. In Chile sind aber immerhin heute bereits 3 Provinzen dieser Region sehr

schwer und 2 weitere Provinzen sehr merklich durch Erosion ge-
schädigt. In wenigen Jahrzehnten wird hier der Weg vom strotzenden Urwald über einige Jahre mit guter Weizenernte und einige
folgende Jahre Magerweide/Mageracker-Wechselwirtschaft zur
erodierten, ertragslosen „Mondlandschaft" durchschritten.

Abb. 31. Temperierter Regenwald in Südjapan mit 170jähriger Cryptomeria
japonica und 700 m³ Holzvorrat je ha

b) Wälder des kühltemperierten Gürtels

1. Die Sommergrünen Laubwälder. Während in den Regengrünen Gehölzen der Tropenregion Laubabfall und Kahlstand
in der Regel in die heiße und trockene Jahreszeit fallen, stehen
die Sommergrünen Laubwälder der gemäßigten Zone in der
kalten Jahreszeit kahl. Hier ist die Zeit des gefrorenen Bodens
und der als Schnee fallenden Niederschläge die Trockenzeit, und
Blattabfall bedeutet die gleiche Notwehr gegen nicht ersetzbare
Verdunstung wie bei den Regengrünen Gehölzen der Tropen.

Gegenüber den Tropenwäldern ist die Artenzahl weit geringer.
Während in den Tropen sehr viele Bäume durch Insekten bestäubt

werden, sind die herrschenden Laub- und Nadelbäume unserer Breiten auf den Wind als Vermittler der Befruchtung angewiesen.

Die im Vergleich zu den gleichen Breiten Nordamerikas und Ostasiens besonders artenarme Baumflora Europas ist Folge einer geomorphologischen Eigenheit unseres Erdteils. Während in

Abb. 32. Gemischter Sommergrüner Laubwald in North Carolina/USA; beachte den Reiter als Bezugsgröße

Nordamerika und Ostasien die großen Gebirge von N nach S streichen und bei Herannahen der Eiszeitgletscher auch der Baumflora zunächst ein Ausweichen nach S und später ein Zurückwandern nach N erlaubten, liegen in Europa Gebirgswälle als O-W-Riegel zwischen den Meeren. Pyrenäen, Mittelmeer, Alpen, Böhmerwald, Erzgebirge, Sudeten, Karpaten, Balkan, Schwarzes Meer, Kaukasus, Kaspisches Meer ließen die vor dem Eis nach Süden weichenden Baumarten am Fuße der ebenfalls bereits gletscherbedeckten Gebirge oder am Ufer der Meere zum großen Teil zugrunde gehen. So kommt es, daß in Nordamerika und Ostasien heute 15—20mal soviel Baumarten heimisch sind wie in Europa. Wir kennen aus zuverlässig deutbaren Funden aus der Periode vor Beginn der Eiszeiten in Europa viele Baumarten, die hier heute fehlen, deren nahe Verwandte aber in Nordamerika und Ostasien noch heute blühen

Abb. 33. 150—180jährige Rotbuchen in Westfalen mit 20—60jährigem Nachwuchs aus Naturverjüngung

und gedeihen, und die überdies auch heute bei Verpflanzung nach Europa trefflich wachsen und sich offenbar wie zu Hause fühlen. Douglasie, Roteiche, Robinie, japanische Lärche und Weymouthskiefer gehören neben anderen Bäumen aus Amerika und Ostasien zu solchen nach Europa eingebürgerten Umsiedlern, deren Ur-Ur-Großtanten vor 600000 Jahren bei uns Heimatrecht besaßen.

Die 3 Hauptgebiete der Sommergrünen Laubwälder sind der Osten der Vereinigten Staaten mit dem Kern der Alleghanies und

Mittel-, West- und Nordwesteuropa von Oder und Schwarzem Meer bis Irland und Nordspanien. Von Südpolen über den Südural bis zum Quellgebiet des Ob schließt sich noch ein schmaler, vorwiegend von Stieleiche beherrschter Streifen Sommergrünen Laubwaldes an das von Rotbuche beherrschte Kerngebiet West- und Mitteleuropas an. Schließlich finden wir als 3. Zentrum den Sommergrünen Laubwald in Ostasien, und zwar im nördlichen China, in Korea, Mandschurei und Nordjapan. Auf der Südhalbkugel findet dieses Gebiet keine Entsprechung; denn die Nothofaguswälder von Südchile und Neuseeland sind Regenwälder.

Abb. 34. 85jähriger gepflegter Bestand aus Stieleiche mit zur Schaftpflege unterbauter 45jähriger Rotbuche (Forest of Dean/Südengland)

Der Sommergrüne Laubwald ist auch in Urwaldform wesentlich leichter bezähmbar, leichter aufschließbar und leichter zu bewirtschaften als ein Regenwald. Da er zudem in einem für Entfaltung aktiver Menschenrassen besonders begünstigten Klima liegt und da seine Böden i. a. gute Möglichkeiten für Ackerbau liefern, ohne so gefährlich leicht zerstörbar zu sein wie viele Tropenböden, ist es nicht erstaunlich, daß die Wälder dieses Vegetationsgebietes besonders stark und besonders früh vom Menschen nutzend angegriffen wurden. Hier finden wir intensive, ertragsreichste Landwirtschaft nach Wald, und zwar besonders eindrucksvoll in Mitteleuropa mit den Spitzenleistungen in Dänemark, den Niederlanden und Flandern. Hier treffen wir auch die am besten gepflegten Kulturwälder, am schönsten entwickelt vom Kattegat bis zum Engadin. Hier finden wir aber leider auch im Osten von

40

Nordamerika noch sehr ausgedehnte, durch land- und forstwirtschaftliche Übernutzung zu ertraglosem Busch- und Ödland
verwirtschaftete Flächen nach einstmals prachtvollem, besonders
reich gemischtem Laubwald.

An der großen Aufgabe der Umformung der Sommergrünen
Urwälder in Kulturlandschaften ist die Kultur und die Zivili-
sation Europas erwach-
sen. Auch die starken
gelben Rassen von Nord-
china bis Japan wuchsen
an der gleichen Aufgabe,
und in Nordamerika be-
gann die Eroberung des
Kontinents durch den
weißen Mann mit der
Durchkämpfung des ge-
waltigen Laubholzblok-
kes zwischen Atlantik
und Ohio. Die Märchen
der abendländischen Völ-
ker spielen in Wäldern
dieser Formation. Das gilt
selbst für ein Volk wie die
Engländer, deren Wald
bereits seit dem frühen
Mittelalter bis auf den bescheidenen Rest von 6%
verschwand. Gerade im
Engländer lebt nämlich
auch noch eine starke

Abb. 35. Über 100 Jahre alter Rotbuchen-
wald auf kalkreicher Moräne in Ostholstein;
typischer, wohlgepflegter Kulturwald in
waldarmer, für Landwirtschaft fruchtbarer
Landschaft

Sehnsucht nach Wald als ausgeprägte Liebe zu Baum und Park.

2. Die Nördlichen Nadelwälder. Die für den Weltholzhandel,
insbesondere für die Versorgung der Zellstoff- und Papierwerke
wichtigsten Waldregionen gehören zur Formation der „Borealen
Nadelwälder". So nennt man den ganz überwiegend von Nadelholz beherrschten Waldgürtel, der sich von Skandinavien nördlich
Stockholm über Finnland, das Weißmeergebiet, Nordsibirien bis
an die Beringstraße zieht, sich fortsetzt in Alaska und über den

kanadischen Schild bis Labrador reicht. Auch der nordische
Nadelwaldgürtel findet auf der Südhalbkugel keine Entsprechung.
Bis an die Südspitze Feuerlands herrschen noch Laubwälder.

Die arktische Waldgrenze und auch die südliche Grenze des
Vegetationsgebietes „Nordischer Nadelwald" laufen keineswegs
auf jeweils auch nur annähernd gleichem Breitengrad um die
Erde. Während an der vom kalten Labradorstrom bespülten

Abb. 36. Typische Landschaft des borealen Nadelurwaldes. Am Grand Lake
in Labrador ragen am Seeufer bis 20 m hohe Weißfichten über den Grund-
bestand der nur etwa 12 m hohen Schwarzfichten hinaus. Beide Fichtenarten
sind etwa 200 Jahre alt

Küste Neufundlands die arktische Waldgrenze bereits bei 49°,
also in der Breite von Paris liegt, wird sie in Finnland, wo die
boreale Zone erst bei 55°, also in der Breite der Südspitze Grön-
lands beginnt, dank des Golfstromes erst bei 72° erreicht. Die
Breite des borealen Nadelwaldgürtels schwankt zwischen 4
Breitengraden in Neufundland/Labrador und 24 Breitengraden
in Sibirien nördlich des Baikalsees. Nicht die Tieftemperaturen
des arktischen Winters setzen übrigens den Bäumen die nördliche
Verbreitungsgrenze; Werchojansk an der Jana, der Kältepol der
Erde mit Wintertemperaturen bis —60°C, liegt noch inmitten
der sibirischen Lärchentaiga. Die Grenze wird da gesetzt, wo nicht
mehr regelmäßig eine Vegetationszeit von mindestens 60 Tagen
mit Tagesdurchschnittstemperaturen von mindestens +10°C

erreicht wird. So ist Island waldlos, obwohl hier in der Regel die mittleren Januartemperaturen noch über 0°C liegen, weil das Mindestsoll an Vegetationszeit nicht regelmäßig erfüllt wird.

Überwältigte uns in den Tropenwäldern die Artenfülle, so beeindruckt fast ebensosehr in den borealen Wäldern die grandiose Einförmigkeit der Bestockung. Auf etwa 1 300 000 000 ha herrschen nur einige wenige Arten von Fichte und Tanne, Kiefer und Lärche, stellenweise begleitet oder abgelöst von wenigen Birken-, Aspen- und Erlenarten. Der Unterschied zwischen den Nadelbaumarten ist darüber hinaus so wenig augenfällig, daß das Grundgefüge des Waldbildes von Alaska bis Labrador, von Lappland bis Ostsibirien überaus ähnlich ist. Überall haben hier die Fichten und Kiefern schmale, spitze Kronen, überall wechseln ein-

Abb. 37. Schmale spitze Kronen sind im borealen Wald charakteristisch auch für die bei uns im Alter breit abwölbende Kiefer; fast 200 Jahre alte Kiefern in Nordschweden

schichtige, lockere Nadelholzwälder mit durch Brand entstandenen Kahlflächen, überall ist die Bereitschaft zur natürlichen Wiederbewaldung solcher Flächen mit einem Pionierbestand von Birken und Aspen groß, dem Nadelbäume folgen. Diese Urwälder können uns keine Bewunderung abgewinnen durch Baumriesen oder gewaltige Holzvorräte. Nur selten erreichen hier Bäume Höhen von 25 m oder Durchmesser von 50 cm und in der Regel liegt der Holzgehalt eines alten Urwaldes hier zwischen nur 50—200 m³ je ha. Die Bodenflora ist so einförmig wie der meist einschichtige Baumbestand. Flechten, einige Moose, Heide,

Abb. 38. Reifer Urwaldbestand von Picea glauca mit dichtem Unterwuchs von Abies balsamea in Ostkanada

Heidel- und Preißelbeersträucher decken den größten Teil des Bodens. Und dennoch ist der Nutzwert dieses ärmlich anmutenden borealen Waldes im Durchschnitt größer als der eines mit seiner strotzenden Fülle blendenden Regenwaldbestandes gleicher Größe in den Tropen. Schwarz- und Weißfichte von Alaska bis Labrador, Europäische und Sibirische Fichte in Eurasien sind mit Abstand die wertvollsten und ergiebigsten Hölzer für Zellstoff- und Papierindustrie. Auch die Balsamtanne Nordamerikas und die Sibirische Tanne sind für Zellstoff und Papier verwendbar. Die Tamaracklärche Amerikas und 2 Lärchenarten Sibiriens dringen

Abb. 39. Urwald von Weymouthskiefern (Pinus strobus) mit Unterwuchs von Hemlock (Tsuga canadensis) im Gebiet der großen kanadischen Seen

bis auf die unwirtlichsten Kältesümpfe vor, und die Amurlärche bedeckt in Jakutien etwa 200000000 ha Fläche über ewiger Bodengefrornis. Kein anderer Baum vermöchte unter solch grausam harten Bedingungen noch Holz aufzubauen. Besonders hochgeschätzt ist die nordische Kiefer Eurasiens, deren Schnittware in Mittel- und Nordwesteuropa wegen des gleichmäßigen Gefüges die höchsten Preise erzielt.

Im forstwirtschaftlich seit etwa 1900 hochintensiv bewirtschafteten Skandinavien gibt es kaum noch Urwald. In Kanada bis Alaska und Sibirien liegen aber heute trotz der ungeheueren Papierholzerzeugung in diesen Gebieten zusammen mindestens 580 000 000 ha Wald vor, die bisher vom Menschen praktisch überhaupt noch nicht angerührt wurden. Die in diesen Wäldern

Abb. 40. Stammweise genutzter und gelegentlich beweideter Bauernwald aus Weißtanne, Fichte und Rotbuche, 950 m > NN (südl. Bayrischzell, Oberbayern)

Abb. 41. Typisches Bild des „herzynischen Mischwaldes" aus Weißtanne, Rotfichte und Rotbuche; etwa 120jähriger, gut gepflegter Bestand im württembergischen Schwarzwald

vorliegenden Holzreserven sind zwar nicht so groß wie diejenigen, die insgesamt in den noch unangerührten tropischen Urwäldern zur Nutzung heranstehen, sie sind aber z. Z. noch immer wirtschaftlich wertvoller und für die vorausschauende Kalkulation des Weltholzhandels belangreicher. Skandinavien-Finnland ist heute dank einer fleißigen und intelligenten, kulturell hochstehenden Bevölkerung und gefördert durch die hier während des

46

größten Teils des Jahres einem offenen Meer zueilenden Flüsse und Ströme die forst- und holzwirtschaftlich wichtigste Region der borealen Zone. Der sibirische Wald bedeutet dagegen als Folge natürlicher Hindernisse heute — und wahrscheinlich noch

Abb. 42. Urwaldbestand von Sequoia sempervirens und Pseudotsuga menziesii im Küstengebirge von Nordkalifornien. Solche Wälder können bis zu 3000 m³ Holzvorrat je ha enthalten und in den Oberhöhen 100 m übersteigen

für absehbare Zukunft — ein buchstäblich „eingefrorenes" Riesenvermögen. Alle großen Ströme laufen hier von Süden nach Norden in ein nur wenige Wochen offenes Meer. Im Frühjahr schmelzen Schnee und Eis im Quellgebiet viele Wochen früher als am Unterlauf. Die freigewordenen Frühjahrshochwasser stauen sich an den Eisbarrieren der Mündungen. Ungeheure

Überschwemmungen sind, besonders in Westsibirien im Strom-
gebiet des Ob—Irtisch—Jenissei, die alljährlich wiederkehrende
Folge. Eingeschlagene Hölzer, die aus dem in der borealen Zone
üblichen und notwendigen Wintereinschlag noch unter Aus-
nutzung der Eisbahnen an die flößbaren Ströme gebracht wurden,
werden durch die Frühjahrshochwasser wieder versetzt und liegen
dann nach endlichem Durchbruch der Eisbarrieren unauffindbar in

Abb. 43. Typischer vorratsreicher Urwald von
etwa 300 Jahre alten Douglasien in Nordkalifornien

den Sümpfen zerstreut.
Während Kanada seinen
Urwald stetig weiterer-
schließt und auch So-
wjetrußland seine kare-
lischen und Weißmeer-
Gebiete erfolgreich ent-
wickelt, kann das
„Grüne Gold" Sibiriens
erst nutzbar werden,
wenn der gewaltige Plan
verwirklicht ist, die sibirischen Ströme nach Sü-
den mit Mündungen ins
Kaspische und Schwarze
Meer umzuleiten.

Langsam ist das
Wachstum der Bäume
in dieser Region. In Lappland sind Fichte und Kiefer mit 200 Jahren
in der Regel erst 12—15 m hoch. Der durchschnittliche jährliche
Holzzuwachs liegt hier nicht über 0,5—1,0 m³ je Jahr und ha. Und
doch liegt in diesem Gebiet die am höchsten entwickelte Holzindustrie der Welt, und hier werken die Waldarbeiter mit der
höchsten Leistung und dem höchsten Verdienst.

In den Gebirgsnadelwäldern Europas, Japans und der west-
lichen USA ragen sozusagen Ausläufer des nordischen Nadel-
waldes in das Vegetationsgebiet der Sommergrünen Laubwälder
hinein. Zu diesen Gebirgswäldern gehören in den Höhenlagen
bis etwa 1000 m über NN die wertvollsten und leistungsstärksten
Wälder, die wir neben den wenigen Temperierten Regenwäldern
auf der Erde überhaupt finden können.

In den Karpaten, den bosnischen Bergen, im Schwarzwald, im Schweizer Jura und im Bayerischen Wald erreichen Fichten und Tannen Baumhöhen von mehr als 50 m und Vorrat an lebendem, gesundem nutzbaren Holz von mehr als 1000 m³ je ha. Die großartigste Ent-
faltung aber erreicht dieser Waldtyp im Westen Amerikas zwischen Kaskaden, Sierra und Stillem Ozean von Washington bis Kalifornien. Hier sind noch heute Reste der im Norden von Douglasie, im Süden von Sequoie beherrschten Naturwälder anzutreffen mit Spitzenhöhen von 80 bzw. > 100 m und Vorrat an lebendem nutzbarem Holz von mehr als 3000 m³ je ha. Die unantastbare Lebensfülle dieses Waldes prägt sich aber am eindruckvollsten in Lebensalter und Dimension von Einzelbäumen aus: Die Riesensequoie kann über 4000 Jahre gesund weiterwachsen und Durchmesser von mehr als 10 m errei-

Abb. 44. Pflanzbestand von Douglasie (Pseudotsuga menziesii) in Lütetsburg (Ostfriesland); 72jährig, mittlerer Durchmesser bis 54 cm, mittlere Scheitelhöhe 25 m

chen. Ungeachtet des verwirrenden Artenreichtums und der strotzenden Üppigkeit tropischer Urwälder, ungeachtet der überwältigend einförmigen, schier endlosen Flächen der nordischen Taiga, gebührt diesem westamerikanischen Nadelholzurwald der Ruhm, „König der Wälder" zu sein.

Es ist übrigens eine bemerkenswerte Erscheinung, daß die alpine Baumgrenze keineswegs am Äquator, sondern einige Breitengrade nördlich des Äquators am höchsten steigt. Die Ursache dafür dürfen wir einerseits in der Tatsache suchen, daß der „Wärmeäquator" auch nördlich des geographischen Äquators liegt, andererseits aber auch darin, daß nördlich des Äquators die ausgedehntesten Massenerhebungen unserer Erde anzutreffen

Tabelle 5. Baumgrenzen im Gebirge

Geographischer Ort	Breitengrad	Baumgrenze bei m > NN	Bemerkungen
Chile (Anden)	37°S	2000	Hochgebirge
Indonesien und Neuguinea	0°—8°S	3000—3600	Vulkane
Guatemala	15°N	3500	Hochgebirge
Popocatepetel	19°N	4000	Hochgebirge
Himalaya	30°N	3600—4000	größte Massenerhebung
Fudschijama	35° 21′ N	2900	Vulkan
Wallis und Engadin	46° 30′ N	2400	große Massenerhebung
Erzgebirge	50° 30′ N	1200	Mittelgebirge
Nummedalen(Norwegen)	60°N	1030	Golfstromeinfluß
Enare (Lappland)	70°N	310	arktische Waldgrenze hier bei 70° 30′ N

sind. Die Baumgrenze steigt aber unter sonst gleichen Bedingungen um so höher, je höher und geschlossener sich die Masse des Gebirges auftürmt. Die Tabelle 5 gibt Belege für die vorgetragenen Beobachtungen und Schlüsse.

III. Naturwald und Kulturwald

1. Naturwald

Ein Wald, der weder in seinem Gefüge noch in seinem Boden oder in seiner Zusammensetzung nach Baum- und Straucharten bleibend erkennbare, mittelbare oder unmittelbare Beeinflussung durch menschliche Einwirkung erfuhr, gehört zur Gruppe der Naturwälder. Durch gelegentliche Entnahmen von Einzelstämmen, Ernte von Früchten und Wurzeln, gelegentliches Abzapfen von Harzen durch primitive Jäger und Sammler geht der Charakter als „Naturwald" meist ebensowenig verloren wie durch Ausübung von Jagd und Fallenstellerei. Aber bereits das Waldbrennen von Hirtenstämmen zur Verbesserung der Viehweide, noch mehr der Brand-Hackbau, wie er im Mittelalter in Mitteleuropa und in Finnland noch bis vor wenigen Jahrzehnten geübt wurde und wie er noch heute überall in den Tropen im Schwange ist, zerstört den Charakter des Naturwaldes. Es entsteht der „vom Menschen gemachte Wald" (man made forest), dessen Krönung der planmäßig mit dem Ziele der „Nachhaltigkeit" bewirtschaftete Kulturwald ist.

Die Entstehung, Entfaltung und die Dauer von Wald ist, wie wir bereits erfuhren, gebunden an gewisse Mindestbedingungen des Makroklimas. Sind diese Bedingungen erfüllt, dann ist die klimabedingte Endbestockung nach mehr oder weniger langen Vorbereitungs- und Durchgangsphasen auf fast allen Bodenarten ein Wald. Solange menschliche Einwirkungen die Entwicklung nicht stören, besiedelt sich in solcher Klimaregion die durch Nicht-Waldgesellschaften vorbereitete kahle Fläche zunächst mit einem natürlichen *Vorwald*. Solcher Vorwald sieht nach Boden und Klima, aber auch nach Zufälligkeiten der Witterung zur Zeit der Entstehung recht verschieden aus. Aber immer herrschen hier Baumarten, die unter ausgeprägtem Wechsel von Frost und Hitze, von Trockenheit und Nässe und unter Bewindung — den klimatischen Eigenheiten unbewaldeter Flächen — nicht leiden, und die trotz solcher Bedingungen rasch aufwachsen, den Boden decken und Schirm liefern für empfindlichere Folge-Baumarten. Unendlich viele enttäuschende Mißerfolge mußten die Forstleute bei Aufforstungen hinnehmen, solange sie noch nicht wußten, daß manche Baumarten auf Rohboden, altem Acker oder Heide ohne biologische Vorbereitung des Bodens durch Pionierpflanzen nicht zum gesunden Gedeihen gebracht werden können.

In dem Maße, wie Folge-Baumarten nach Pionieren Fuß fassen und aufwachsen, geht das Gefüge des Vorwaldes in das des *Zwischenwaldes* über. Ist dann die meist kurzlebige Vorwaldgeneration im Oberstand durch unter ihrem Schirm aufwachsende Folge-Baumarten verdrängt worden, unter deren Schirm bereits wiederum noch schattenfestere Baumarten nachdrängen, dann ist die Gefügeform des *Hauptwaldes* erreicht. Allmählich schieben sich so viele Stämme in den Oberstand, daß im tiefen Dämmerschatten solchen überdichten Kronendaches fast kein Baumjungwuchs mehr aufkommen kann. Damit ist dann die Gefügeform des „Schlußwaldes" erreicht. Dieser Schlußwald schwebt uns im allgemeinen vor, wenn wir von „Urwald" sprechen: Ein dicht geschlossener Wald mit sehr alten, mächtigen Stämmen, zahllosen gefallenen, mehr oder weniger fortgeschritten verrotteten Baumleichen, mit aufschießendem Jungwuchs nur dort, wo ein alter Riese zusammenbrach und vorübergehend eine Lücke in das grüne Kronengewölbe riß. Wörtlich genommen sind aber auch

Abb. 45. Ein aus Naturbesamung auf Kahlfläche entstandener *Vorwald* von Birken wurde nach Unterwanderung von Fichte zum *Zwischenwald* (Schweden, nördl. Sundsvall)

die vom Menschen nicht gesteuerten, oben erläuterten Vorstufen zum reifen *Schlußwald*, zum „Klimaxwald" der Pflanzensoziologen, ebenfalls „Ur"wald. Vom „Primären" Urwald spricht man, wenn sich die Folge der Baumbestände auf bisher nie bewaldetem Rohboden ablöste, vom „Sekundären" Wald, wenn sich die Entwicklung zum Schlußwald auf einer bereits früher von Wald bestandenen Fläche nach dessen Zerstörung abspielt.

Als Schulbeispiel für eine Entwicklung vom Vorwald zum Schlußwald soll der Ablauf in den prachtvollen Waldgebieten der Staaten Washington und Oregon am Westhang der Kaskaden besprochen werden. Wenn hier ein Urwaldbestand durch Feuer oder Sturm vernichtet wird, besamt sich die wüste Fläche sehr bald mit einem rasch auf-wachsenden, aber sehr vergänglichen Vor-wald von Erlen (Alnus rubra) Zitterpappel (Populus tremuloi-des), evtl. auch von Kiefern (Pinus con-torta). Die unter dem lichten Schirm dieser Pioniere bald folgen-de Douglasie (Pseudo-tsuga menziesii) führt dann zum Zwischen-wald, aus dem die Pio-niere von der wüchsi-gen und kampfkräfti-gen Douglasie schließ-lich verdrängt werden. Unter der herange-wachsenen Douglasie samen sich dann Tan-nen (Abies grandis), Hemlockstannen (Tsu-

Abb. 46. Einstmals unter Schutz von Birken aufgewachsene Weißtannen haben sich im Alter von 130—150 Jahren natürlich verjüngt, so ent-stand das Gefüge des *Hauptwaldes* (Lütetsburg/ Ostfriesland)

ga heterophylla) und die Riesenthuja (Thuja plicata) an, wach-sen auf und führen zur prachtvollsten Form eines Hauptwaldes, die es auf der Erde gibt. Unter 60—80 m hoch aufragenden Douglasien stehen mit immer noch über 50 m Endhöhe starke Tannen und Thujen. 300—500 Jahre nach Bestockung der kahlen Fläche durch die Pioniere sterben dann die Douglasien nach und nach ab und übrig bleibt der Schlußwald aus Tan-nen und Thujen, der eines Tages nach einer Katastrophe, die heute vorwiegend die Gestalt eines Holzschlages annimmt, verschwindet; dann kann der Kreislauf wieder von vorne beginnen.

Im nordischen Nadelwald läuft der Kreislauf ganz gleichartig, aber in wesentlich bescheidenerem Rahmen ab. Einem z. B. in Nordeuropa meist aus Aspen (Populus tremula) und Birken (Betula pendula) bestehenden Vorwald folgt hier zunächst in der Phase des Zwischenwaldes die Kiefer, die dann mit unter ihrem Schirm folgender Fichte den Hauptwald bildet. Der Schlußwald ist hier dann meist ein im Zuwachs zuletzt völlig stagnierender überalterter Fichtenbestand. Auch im Tropischen Regenwald folgt der Ablauf den gleichen Gesetzen, wenngleich wesentlich rascher. Auf kahler Blöße finden sich im Regenwald überaus rasch hochschießende Pionierbäume ein: Balsa-Arten gehören im Amazonas-Orinokogebiet,

Abb. 47. Nothofagus-Podocarpus-Urwald der zuwachslosen *Schlußwald*phase in den Anden von Südchile bei 750 m

Schirmbaum (Musanga smithii) in Westafrika, Albizzia-Arten (bes. Albizzia falcata) in Südostasien zu solchen Pionieren, die bereits im ersten Jahr 3—5 m hoch aufschießen, sich dann aber auch bereits zwischen dem 10. und 20. Lebensjahr erschöpfen, nachdem 30—35 m Scheitelhöhe und 60—90 cm Durchmesser erreicht wurden. Sie sterben jetzt ab und das korkleichte, lockere Holz wird rasch von Pilzen und Insekten zersetzt, nachdem unter dem Schirm dieser Pioniere langsamerwüchsige Bäume mit meist schwererem, festerem Holz aufkommen konnten. So folgen nach Schirmbaum

im westafrikanischen Regenwald u. a. sehr bald die als hoch-
bewertete Exporthölzer wichtigen Okoumé (Aucoumea klaineana),
Ilomba (Pycnanthus kombo) oder Limba (Terminalia superba).
Diese bereits 5—10 Jahre nach Anflug des Schirmbaumes auf der
Kahlfläche einsetzende Zwischenwaldphase geht i. a. ebenfalls
sehr rasch nach Zugang weiterer Schattbaumarten wie Bossé
(Guarea cedrata) oder Lovoa klaineana in einen Hauptwald über.
Bereits 100—200 Jahre nach Beginn der Besiedlung der Kahl-
fläche liegt der Schlußwald vor, der dann, wenn kein Brand-
Hackbau den Boden während der Freilage zerstörte, wieder das
Bild des typischen „Primären Regenwaldes" zeigen kann.

2. Kulturwald

a) Das Gefüge des Nachhaltswaldes

Jahrhundertelang waren die Eingriffe des Menschen in den
Wald nur zerstörend. Die Sekundärwälder nach mehr oder weniger roher Nutzung sind durchweg Verarmungsformen. Wir
werden weiter unten noch zu besprechen haben, welches Ausmaß die Totalzerstörungen angenommen haben und welche
Techniken zur Wiederherstellung von Wald auf Ödland geeignet
sind. Der ausgereifte Waldbau der Kulturländer, wie er am frühesten in Mittel- und Westeuropa entwickelt wurde, vermag aber
nun nicht nur herabgewirtschafteten Wald wiederherzustellen, er
vermag ihn sogar mit ursprünglich am Standort gar nicht von
Natur aus vorhandenen Baumarten anzureichern und dadurch
gegebenenfalls wirtschaftlich bedeutend aufzuwerten. Das Ziel
des Forstmannes ist immer, einen Wald zu gestalten, der die örtlich vorliegenden Möglichkeiten des natürlichen Standortes optimal für „nachhaltige", also in ihrem Jahresertrag gleichbleibende
Holzernte ausnutzen kann. Ein solches Ziel kann niemals mit
dem „Urwald", vor allem nicht mit dem Urwald vom Schluß-
waldtyp erreicht werden. Der Urwald dieses Typs ist praktisch
zuwachs- und ertragslos. Es kann in diesem Stadium nur noch
jeweils soviel Holz nachwachsen, wie nach Zusammenbruch ver-
rottet. Werden aus solchem Urwald Einzelstämme erntend entnommen, dann schließen sich freilich die Lücken rasch wieder,
aber der verbleibende Bestand wird gerade durch Einzelentnahme

der jeweils wertvollsten Stämme immer weiter wirtschaftlich entwertet; der Anteil an Faulholz und sonstigem minderwertigen Holz nimmt weiter zu, die wertvollsten, durch Entnahme verschwundenen Baumarten können sich nicht mehr natürlich aus ihrem Samen in den ausgeplünderten Bestand hinein verjüngen, so daß zuletzt ein wertloser Sekundärbusch übrigbleibt. Der Waldbau kann auf Dauer immer nur erfolgreich sein, wenn er ein Wald*auf*bau ist. Die in vielen Teilen der Welt noch tätigen „Waldschlächter" bauen einen Waldbestand ab wie ein Bergwerk, das man nach der letzten Entnahme verläßt, ohne sich auch nur noch einmal umzusehen. Der Forstmann aber gestaltet jeden Ernteeingriff zugleich als Auslese- und Erziehungseingriff, der den verbleibenden Holzvorrat als Produktionsmittel verbessert. Es ist die wichtigste Eigenart einer auf Nachhaltigkeit der Ertragsleistung ausgerichteten Forstwirtschaft, daß ein jeder Baum, solange er im Wirtschaftswald steht und nicht zur Fällung bestimmt ist, als Ganzes ausschließlich den Charakter eines Produktionsmittels trägt, das Holz erzeugt, dessen Wertigkeit ganz und gar vom Wert des Schaftes abhängt, an den sich dieses erzeugte Holz anlegt. Im Augenblick, wo sich Holz an einen Stamm durch Zuwachs anlegt, ist dieses Holz nichtherauslösbarer Bestandteil dieses Stammes und als solcher in seinem Wert abhängig vom Wert des Stammes. Legt sich also ein Mantel guten gesunden Holzes um einen durch Astigkeit oder Faulkern minderwertigen Schaft, dann ist auch der Zuwachs nur minderen Wertes, gegebenenfalls Brennholz. Legt sich ein ganz gleicher Mantel gesunden Holzes um einen wertvollen Schaft, dann ist der gleiche Zuwachs als hochwertiges Nutzholz zu verwerten, denn der gleiche Stamm ist als Ganzes „Ertrag" in dem Augenblick, wo er gefällt oder auch nur zur Fällung bestimmt wird. Es ist die große Kunst des Forstmannes, jeweils rechtzeitig seine Stämme zu ernten: nicht, bevor sie den Höhepunkt ihrer Zuwachsleistung überschritten haben, aber unbedingt bevor ihre technische Wertigkeit durch irgendwelche Altersschäden rückgängig wird! Darüber hinaus muß er dafür sorgen, daß immer altersmäßig gut gestaffelter Nachwuchs zur Verfügung steht, um den Abgang durch junge Zuwachsträger zu ersetzen. Die einfachste und zuverlässigste Methode, gleichmäßigen Eingang der Holzerträge mit der Sicherung des Nachwuchses in einem Wirtschaftswald zu verbinden, schien fast ein Jahrhundert lang der Aufbau eines Altersklassenwaldes zu sein.

Die Nachhaltigkeitssicherung des Altersklassenwaldes besteht darin, daß man in einem Forstbetrieb von jeder Altersstufe eine Fläche gleicher Größe, gleicher Baumart und gleicher Ertragsfähigkeit zur Verfügung hält und in jedem Jahr den jeweils ältesten Bestand einschlägt und durch Jungwuchs ersetzt. Wenn also ein 1000 ha großes Forstrevier in einer Umtriebszeit von 100 Jahren bewirtschaftet werden soll, so wären je Jahr 10 ha des ältesten, also 100jährigen Holzes zu schlagen und durch Jungwuchs zu ersetzen. Diese verlockend einfache Rechnung müßte in der Tat aufgehen und sozusagen automatisch zum Anfall des gleichen Holzertrages je Jahr führen, wenn nicht eine Reihe, in der Biologie des Waldes begründete Tatsachen den Erfolg dieses einfachen Schemas in der Regel zunichte machen würde.

Von gewissen, seltener vorkommenden Standorten abgesehen, vermag ein Wald, der in allen Altersstufen nur von einer einzigen Baumart aufgebaut ist, sich nicht auf dem Weg biologischer Selbstregulierung zu schützen vor störenden oder gar vernichtenden Angriffen von zur Massenvermehrung fähigen Schadinsekten, die spezialisiert sind auf eine bestimmte Baumart. Solche Schadinsekten können sich in der Regel nur in gefährlicher Weise vermehren, wenn ein Wald durch menschliche Einwirkung zum Reinbestand wurde. Im Reinbestand ist das biologische Gleichgewicht gestört, weil den Gegenspielern der Schadinsekten unter Tieren und Pilzen keine ausreichende Entfaltung mehr gesichert ist. Bitterster Rückschläge und schwerster Verluste bedurfte es, bis sich in der deutschen Forstwirtschaft und, von hier ausgehend, in der Welt die Erkenntnis durchsetzte, daß die mit Produktionszeiträumen von 60—200 Jahren rechnende Forstwirtschaft mit einem Wald aus Reinbeständen einer Baumart die angestrebte und auf dem Papier so leicht vorausberechenbare Nachhaltigkeit der Erzeugung und des Ertrages nicht sichern kann. Mit dem Aufbau des Altersklassenwaldes aus Reinbeständen in Deutschland ging eine bestürzende Zunahme der Verluste durch Insektenkalamitäten parallel. So nahm in Deutschland die Kahlfraßfläche als Folge des Angriffes einiger wichtiger Forstschädlinge trotz kostspieligen

Ausbaues der technischen Bekämpfung durch Leimringe bei Spinner und Nonne zu (Tabelle 6, nach LEMMEL).

Die Tabelle lehrt uns, daß eine mit sehr hohen, die Rentabilität der Forstwirtschaft leicht vernichtenden Kosten durchgeführte

Abb. 48. Reste eines von der „Foreule" durch Kahlfraß vernichteten alten Kiefernbestandes in Ostpreußen

technische Schädlingsbekämpfung die Zunahme von Insektenkalamitäten als Folge des Aufbaues von Reinbeständen wohl deutlich dämpfen, aber keineswegs verhindern kann.

Tabelle 6. *Zunahme der Insektenkalamitäten*

Zeitabschnitt	Eule	Spanner	Spinner	Nonne
1800—1870	11500 ha	5500 ha	34115 ha	73300 ha
1870—1935	238000 ha	52000 ha	48000 ha	152000 ha
Schadfläche des 2. Abschnittes, bezogen auf Zeiteinheit als % der Schadfläche des 1. Abschn.	2240% auch nach 1870 noch ohne technische Bekämpfung	1020%	151% nach 1870 zunehmend technische Bekämpfung durch Leimringe	225%

Die Entwicklung der Staatsforsten des ehemaligen Königreiches Sachsen und ihrer Ertragsleistung auf 180 000 ha ist ein eindrucksvoller Beweis dafür, daß Aufbau und Erstellung strengster Altersklassenfolge in einem Wald aus Reinbeständen noch keine Sicherung der nachhaltig, gleichmäßig eingehenden Erträge bedeutet. Seit 1812 wurde in Sachsen nach qualitativ zwar meist schlechten, aber immerhin noch gemischten Beständen planmäßig ein Fichtenforst strengster Altersklassennachaltigkeit aufgebaut. Um etwa 1875 war der Aufbau abgeschlossen, und das damals erreichte Altersklassenverhältnis wurde bis 1929 streng eingehalten. Den Erwartungen zum Trotz blieben aber die Erträge keineswegs auf gleicher Höhe. Als Folge von Kalamitäten und infolge Bodenzerstörung durch die Fichte auf den Niederlandsböden, wo sie nicht standortgemäß ist, nahm die Zuwachs- und Ertragsentwicklung den folgenden alarmierenden Gang:

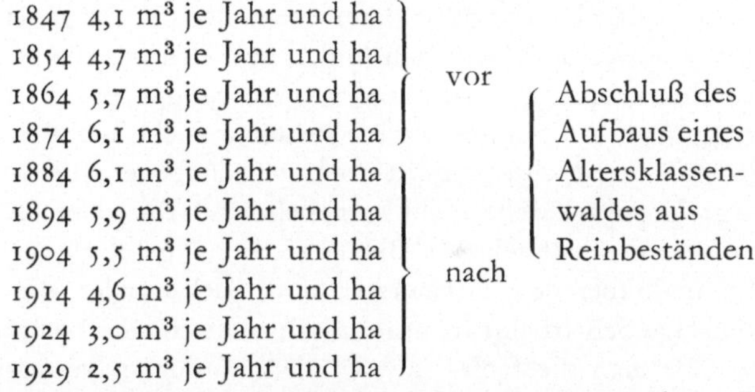

Nachdem Sachsen mit seiner bereits 1816 gegründeten Forstlichen Hochschule Tharandt fast 100 Jahre lang hochgerühmtes, in aller Welt nachgeahmtes Beispiel für Aufbau musterhafter Nachhaltswirtschaft war, stellte sich nun heraus, daß der gezeigte Weg nicht zum gewünschten Ziel führt. Die Rückkehr zum krisenfesteren Mischwald ist ein zwingendes Gebot der Wirtschaftlichkeit in der Forstwirtschaft. Dieser Mischwald läßt sich aber im schematischen Kahlschlagbetrieb weder aufbauen noch halten, so daß auch die Sicherung der Nachhaltigkeit durch ein Altersklassenschema nicht mehr möglich ist. Jede Baumart hat eine arteigentümliche Entwicklungsrhythmik: so kann unsere Lärche nur in vollem Licht und voll exponiert an Luft, Sonne und Wind gesund aufwachsen; sie wächst sehr rasch in der Jugend, verhalten im Alter; unsere Weißtanne und Rotbuche verlangen eine lange Jugendzeit unter Schutz und Schirm höherer Bäume: sehr langsam bauen sie in der Jugend auf, aber bis ins hohe Alter hält dann bei diesen Bäumen das Wachstum mit hohen Werten an. Andere Baumarten ertragen oder lieben zwar in der Jugend Beschattung, verlangen dann aber bald Freistellung. Hierzu gehören z. B. Fichte und Esche. Ein Waldaufbau, der sich nur auf das Gefüge des einschichtigen, gleichaltrigen Waldes stützt und sich nur der Technik des regelmäßig wiederkehrenden Kahlschlages bedient, kann also gar nicht die Voraussetzungen für Entwicklung eines gemischten, damit krisenfesteren und erst dadurch auf die Dauer rentablen Wirtschaftswaldes schaffen.

Freilich bedeutet nun nicht eine Mischung schlechthin Sicherung von Krisenfestigkeit und Rentabilität. Dieses Ziel wird nur erreicht mit „guten" Mischungen, d. h. mit Mischung von solchen wirtschaftlich wertvollen Baumarten, die auf dem gegebenen Standort vollwertiges Gedeihen finden und sich in ihrer Wachstumsrhythmik und in ihren Standortsforderungen gut ergänzen. So bringt man die Sommerwärme liebende Eiche nicht ins Gebirge, den Säufer Fichte nicht in trockene Lößebenen, die sonnenhungrige Europa-Lärche nicht in nebelreiche Tal- oder Küstengebiete und die kalkliebende Buche nicht auf gebleichten Sand. So fügt man aber den Tiefwurzler zum Flachwurzler, die langsamwüchsige Schattbaumart unter rasch aufstrebende Lichtbaumart, so läßt man die frost- und windempfindliche Baumart der frost- und windharten unter deren Schutz folgen. Es ist dabei keineswegs so, daß nur Mischungen aus heimischen Baumarten am gegebenen Ort „gute" Mischungen sein können. Standorttaugliche Fremdlinge sind im Wirtschaftswald zulässig und vermögen in bestimmten Fällen den nachhaltigen Ertrag entscheidend zu verbessern. Es gibt einige überragende Erfolgsnachweise für diese Feststellung. Die Douglasie (Pseudotsuga menziesii) hat bei Einfügung in ursprünglich von Kiefer-Eiche-Birke bestimmte Wälder Norddeutschlands die wirtschaftliche Ergiebigkeit um 50% und mehr steigern können. Weißtannen aus Süddeutschland haben an der friesischen Küste überragend schönen und leistungsfähigen Wald entstehen lassen. Die japanische Lärche bildet auf der Geest von Schleswig-Holstein in vielen Fällen den biologisch und wirtschaftlich besten Vorwald. Schließlich wurde ja auch bereits vor mehr als 1000 Jahren der Djatibaum (Tectona grandis), Lieferant des berühmten Teakholzes, von Hindufürsten aus Indien nach Java gebracht, wo er heute auf fast 800 000 ha die z. Z. wertvollsten Baumbestände Indonesiens bildet. England ist dabei, auf seinen Heiden, seit 1920 beginnend, 2 000 000 ha Wald aufzubauen und bedient sich dabei mit hervorragendem Erfolg der Baumarten von der pazifischen Küste der USA. Der Kulturwald muß also zwar im Interesse der entscheidend durch die Krisenfestigkeit bedingten Wirtschaftlichkeit „naturnah" insofern gestaltet werden, als für seinen Aufbau nur miteinander harmonierende, standorttaugliche Baumarten verwendet werden; er kann aber vom „Naturwald" des gegebenen Standortes im „Baumartenspektrum" sehr stark abweichen. In keinem Fall darf der Wirtschaftswald dem Urwald des Schlußwaldtyps ähnlich werden. Das wäre trotz vollendeter Naturnähe das Ende seiner Ertragsfähigkeit.

Die Berechtigung der Mitverwendung auch standortsuntauglicher nichtheimischer Baumarten beim Aufbau von Wirtschaftswald steht außer Zweifel, die Notwendigkeit der „guten" Mischung ebenfalls. Damit bleibt dann aber auch das Verlassen des Zielschemas „Altersklassenwald aus Reinbeständen" unausweichlich. Die Nachhaltigkeit muß jetzt anders gesichert werden. Es würde hier zu weit ins Forsttechnische führen, die hierzu vorliegenden modernen Methoden der Forsteinrichtung zu erläutern. Jedenfalls gibt es zuverlässig wirksame Verfahren dieser Art, die vor allem in der Schweiz und in Schweden/Finnland entwickelt wurden.

b) Die Durchforstung

Unter den waldbaulichen Techniken, die in allen Wirtschaftswäldern der Erde eine Rolle spielen, steht die Durchforstung obenan. Jeder Waldbestand beginnt in der Jugend mit einer wesentlich größeren Zahl von Individuen je ha, als im Jahre seiner Reife und Ernte noch vorhanden sind. Bei uns wird z. B. ein Nadelbaumbestand mit 5000—20 000 Pflanzen je ha begründet. Im Alter 100 sind davon nur noch 400—600 vorhanden. Weit über 90% der Ausgangszahl scheiden also im Laufe der Bestandeslebens aus und

werden auf dem Wege der „Durchforstung", die in 3—10jährigem
Abstand wiederkehrt, entnommen. Sinn und Möglichkeit einer
guten Durchforstung bestehen darin, die Kräfte des Bodens immer
mehr und zuletzt ausschließlich auf die wertvollsten Bäume durch
stetig wiederholte Entnahme geringwertiger zugunsten hochwertiger zur Auswirkung kommen zu lassen. In diesem Sinne ist die Holzernte stets gleichzeitige Pflege und Verbesserung des im Walde verbleibenden Holzvorrates und damit Verbesserung des Wirtschaftswaldes als Produktionsmittel. Wenn wir in unseren Fichten- und Kiefernwäldern im Alter von 100—120 Jahren den Endhieb führen, so sind i. a. bereits 40 bis 50% des seit der Bestandesgründung insgesamt zugewachsenen Holzvolumens als Durchforstungsertrag entnommen worden. Diese Hälfte des Volumenertrages bedeutet aber nur 15—30% des gesamten Geldertrages, weil eben bei der Durchforstung planmäßig qualitativ geringwertige Glieder mit ohnedies geringer bewerteten schwachen Durchmessern entnommen werden zugunsten

Abb. 49. 23jähriger Bestand von Pinus
merkusii am Tobameer (Nordsumatra) bei 1230 m > NN; der 30 m hohe
Bestand wurde noch nie durchforstet;
alle minderwertigen Stämme nehmen noch Bodenkraft in Anspruch;
Höchstleistung unmöglich

noch verbleibender hochwertiger Glieder, die dann auch noch
in die besser bezahlten starken Dimensionen als Endnutzung
hineinwachsen.

Die Durchforstung bietet gleichzeitig erwünschte Gelegenheit,
um die nach Augenschein für Nutzholzerzeugung am besten veranlagten Bäume bis ins Alter der Samenerzeugung hinein zu erhalten und damit zur Fortpflanzung gelangen zu lassen. Da aber

die dem Augenschein zugängliche Gestalt der Bäume nicht nur durch erbliche Eigenschaften, sondern auch durch Umwelteinflüsse bestimmt werden, ist eine zuverlässige Verbesserung des Erbgutes der Folgegeneration auf dem Wege der Durchforstungsauslese allein nicht zu erreichen. Deshalb ist nunmehr auch die Forstwirtschaft zur planmäßigen Züchtung von Hochleistungssorten übergegangen. Die Ergebnisse von Auslese und Kreuzung werden an der Nachkommenschaft überprüft, und so hofft man, Hochleistungspflanzen aus unseren bisherigen Wildpflanzen herauszuzüchten, die besonders raschwüchsig sind, besonders ausgeprägt erwünschte Holzeigenschaften wie Geradschaftigkeit, Astreinheit, Zellulosegehalt zeigen, und die immun sind gegen bestimmte Krankheiten und Schädlinge. Ermutigende Anfangserfolge liegen heute vor mit Kreuzungen von japanischer Lärche und europäischer Lärche, die raschwüchsiger als die Eltern sind, aus Kreuzung von amerikanischer und europäischer Aspe und amerikanischer und europäischer Schwarzpappel.

Freilich werden die langsam heranreifenden Ergebnisse der Baumzüchtung zunächst erst der z. Z. noch wenig verbreiteten Intensivform der Holzzucht, der mit Bodenarbeit, Düngung und technischer Schädlingsbekämpfung arbeitenden Baumplantage zugute kommen. Vor allem dürfte die rasch an Bedeutung gewinnende Kultur von Pappeln und Weiden in unseren Breiten und

Abb. 50. 27jähriger Bestand von Eusideroxylon zwageri zur Förderung der Elitestämme bereits mehrfach durchforstet; die Bodenkraft dient nur noch ausschließlich wertvollen Stämmen (Insel Billiton, Indonesien); Höchstleistung gesichert

die Kultur von Eukalypten in südlicheren Zonen durch die Züchtung Förderung erfahren. Der Wald bleibt darauf angewiesen, dank eines ausgewogenen biologischen Gleichgewichtes zwischen Boden, Pflanzen und Tieren gesund zu bleiben und krisenhafter Zunahme von Schadinsekten durch Selbstregulierung zu begegnen. Deshalb kann man im Waldbau nicht mit Reinbeständen einer erbmäßig einheitlichen Hochleistungssorte arbeiten, die im Laufe des 80—120jährigen Bestandeslebens mit hoher Wahrscheinlichkeit einmal von einer Kalamität befallen wird und dieser dann ohne technischen Schädlingsschutz widerstandslos erliegt. Im Mischbestand aus Landrassen erbmäßig in sich nicht einheitlicher Bäume gibt es auch bei Ausbleiben der jede Rentabilität der Waldwirtschaft leicht zunichte machenden technischen Schädlingsabwehr nie einen Totalverlust, sondern nur ausheilbare Einzelausfälle. Auf gegebenem Standort ist durch Aufbau von intensiv bewirtschafteten Holzplantagen oft eine gegenüber den Erträgen aus Waldbau gesteigerte Holzproduktion erreichbar. Solcher Mehrertrag ist aber auch nur mit wesentlich erhöhtem Kostenaufwand für Düngung, Bodenbearbeitung und technische Schädlingsabwehr erreichbar. Es bedarf sorgfältiger Kalkulation von Fall zu Fall, ob der Mehrertrag in einem günstigen Verhältnis zu den erhöhten Kosten steht. Zur Zeit ist es im allgemeinen noch so, daß für das Gros unserer für Baumbewuchs bestimmten Flächen der Weg des Waldbaues der im Kostenertragsverhältnis günstigere ist; Holzplantagen bleiben heute noch auf gewisse Sonderfälle beschränkt: Pappelplantagen auf Haldenland im Ruhrgebiet und auf Auen des Niederrheins; Eukalyptusplantagen in waldlos gewordenen Bergbaugebieten Südamerikas; Plantagen von Gerberakazien in Südafrika und auf Java. Zweifellos wird aber Holzzucht in Plantagen in den kommenden Jahrzehnten noch wesentlich an Verbreitung gewinnen.

So dürfen wir vier Stufen der Waldentwicklung unterscheiden. Die von Menschenhand in ihrer Entwicklung nicht gestalteten und gesteuerten *Naturwälder* können durch roh ausbeutende Nutzung in verarmte *Plünderwälder* oder Ödland umgewandelt werden. Der auf Nachhaltigkeit bedachte Waldbau gestaltet dann hieraus durch Aufforstung oder Anreicherung *Kulturwälder*, die zwar immer deutlich vom Naturwald des gleichen Ortes verschieden sind, aber im Interesse einer die Krisenfestigkeit durch biologisches Gleichgewicht sichernden Selbstregulierung „naturnah“ aufgebaut sein müssen. Schließlich kann die *Holzzuchtplantage* als Intensivform der Holzerzeugung genau so vollständig ein technisches Gebilde sein wie ein mit Hochleistungssorten angelegter, durch Bodenarbeit, Düngung und Hackpflege geförderter Kartoffelschlag. Wir dürfen schätzen, daß auf der Erde zur Zeit von der mit Bäumen bestandenen Fläche etwa

2697 Mio ha = 70% als Naturwald,
 920 Mio ha = 24% als durch ausbeutende Holzernte verarmter Wald,
 220 Mio ha = 6% als nachhaltig bewirtschafteter Kulturwald

vorhanden sind. Die Fläche der echten Holzplantagen umfaßt zur Zeit noch nicht mehr als einige 10000 Hektar. Die Forstleute der Welt stehen also noch vor großen und lohnenden Aufgaben.

B. Produktionskraft und Produktion der Waldregionen

I. Produktionshaushalt von Waldbeständen

Der jährliche Zuwachs der Waldbäume tritt in Erscheinung als ein sich am lebenden Stamm und an seinen Ästen, Zweigen und Wurzeln in jeder Vegetationszeit bildender Mantel von neuen, aus dem zwischen Holz und Borke liegenden Bildungsgewebe entwickelten Holzzellen nach innen und Rindenzellen nach außen. Gleichzeitig erfahren in jeder Vegetationszeit alle ober- und unterirdischen Sproß- bzw. Wurzelenden eine mehr oder weniger große Verlängerung. Die durch die Wurzel aufgenommenen, in Wasser gelösten Mineralsalze und der durch die Blätter aufgenommene Kohlenstoff werden aber nicht nur zu Holz- und Rindenzellen „assimiliert“, sondern auch zum Aufbau der Blätter, Blüten, Früchte und Inhaltsstoffe verwendet und schließlich zur Schaffung der Substanz, die wieder veratmet wird. Das, was wir von der gesamten assimilierten Substanz aus einem Wald nachhaltig als Holz ernten können, ist selbst bei sorgsamster Wirtschaft nur ein weit unter 50% liegender Anteil. In einem gut verwalteten Wirtschaftswald Mitteldeutschlands sieht die Produktionsbilanz etwa wie folgt aus: Von der gesamten durch Assimilation aufgebauten Substanz werden 25—60%, im Mittel etwa 45% durch Veratmung wieder abgegeben, etwa 16% gelangen als Laub- oder Nadelabfall, als Zweig- und Borkenverlust über eine Humusphase in den Boden, etwa 3% bleiben als nicht geerntete Wurzelteile zur Verrottung im Boden, etwa 1% wird zum Aufbau von Samen verwandt, etwa 3% sind Verluste bei Fällung, Bringung und Vermessung, etwa 3% bleiben in der Regel als abgeschälte Borke im Wald, etwa 29% sind schließlich wirklich geerntetes, verkaufsfertiges Holz ohne Rinde und Borke.

Die Bilanz ist je nach Standort, Baumart und -alter und Grad der Beschattung verschieden. Die obige Aufstellung zeigt aber in für den Durchschnitt richtiger Größenordnung die Verwertung der Assimilate. Es kann also nur weniger als $^1/_3$ der gesamten in einem Wald durch Assimilation gewonnenen Substanz in unserer Klimaregion als Holz geerntet werden. Dieser als Holz erntbare Anteil ist in den Tropenwäldern noch wesentlich kleiner, weil dort die Abgaben durch Veratmung und die Verluste durch Laub- und Nadelabfall und in der Regel auch die Verluste durch die rohe Erntearbeit wesentlich größer sind. Man darf annehmen, daß in einem gesunden Tropischen Regenwald je Jahr und ha etwa 100 bis 200 t Trockensubstanz erzeugt werden; doch bleiben hiervon im günstigsten Fall 7—14 t, also nur 7% als Holz erntbar. In der Praxis werden aber sogar fast nie mehr als nur 1—3 t als Holz eingebracht. Die assimilierte Trockensubstanz bewegt sich in deutschen Wirtschaftswäldern je Jahr und ha bei etwa 8—23 t, davon sind im günstigsten Fall 2—8 t als Holz erntbar, und es werden praktisch als Holz eingebracht 1,5—7,0 t. Trotz 10facher Assimilationsleistung liefert der Tropenwald je Zeit und Flächeneinheit in der Regel weniger erntbares Holz als ein mittlerer Bestand unserer Wirtschaftswälder.

Bei verschiedenen Autoren kann man die Behauptung lesen, daß gesunder Wald an gegebenem Ort stets mehr an Trockensubstanz erzeugen kann als irgendeine andere Pflanzengesellschaft, z. B. Acker oder Wiese, die vom Menschen an Stelle des Waldes gesetzt wird. Diese Behauptung trifft nur zu, wenn man die gesamte nach Abzug der Veratmung noch bleibende Trockensubstanzerzeugung und nicht den als Holz erntbaren Anteil zum Vergleich heranzieht, und wenn man ferner den Vergleich auf die dem Waldwuchs noch günstigen, für Feldbau aber bereits nicht mehr günstigen Gebiete beschränkt. Weiter unten folgen Belege hierzu. Freilich sind diese Vergleiche insofern etwas ungerecht gegenüber dem Wald, als gerade in Deutschland bereits seit Abschluß der großen Rodungen in allen Gegenden die jeweils günstigsten Standorte zu Acker oder Wiese wurden und nur die ungünstigsten — zu arm, zu steil, zu trocken, zu windexponiert — dem Wald verblieben. Trotzdem ist die Aussage gesichert, daß in für Ackerbau klimatisch günstigen Gebieten eine nach modernen Methoden betriebene Landwirtschaft dem Boden höhere Substanzerträge abzwingen kann, als es der Waldbau in Gestalt einer nachhaltigen Holzernte vermöchte. Wenn wir freilich die möglichen Substanzerträge aus intensiv bewirtschafteten Holzplantagen zum Vergleich heranziehen, dann rücken wieder die Erträge der Baumbestände vor die meisten Kulturen der Landwirtschaft. Die als Holz erntbaren Erträge aus Pappelplantagen können auch in Deutschland bis zu den Werten von 7—8 t je ha steigen, und aus Eukalyptusplantagen in Brasilien liegen sogar Ertragsangaben von 35—38 t je ha und Jahr vor.

II. Erreichte und erreichbare Holzerzeugung im Wirtschaftswald

1. Holzzuwachs und Holzertrag aus den Wäldern der Erde

Dank der Arbeit der Forstabteilung der FAO ist es möglich, den derzeitigen Holzvorrat, Holzzuwachs und Holzertrag in den heute in Bewirtschaftung bzw. Nutzung stehenden Wäldern der großen Wirtschaftsgebiete der Erde anzugeben.

Man kann sich die Schwierigkeiten einer solchen, nur auf ausgefüllte Fragebogen gestützten Erhebung nicht leicht zu groß vorstellen. Schon die Frage: „Welche mit Busch oder Baum bestandene Flächen dürfen wir dem Wald zurechnen?" wirft eine Fülle von Problemen auf. Wo ist die Grenze zwischen Gesträuch und Wald oder zwischen Trockensavanne und Wald? Welche Dichte der Baumbestockung auf einer Fläche erlaubt uns, von Wald zu sprechen? Gewiß ist die kaum kniehohe, von der Ziegenweide geschorene „Macchie" des Mittelmeergebietes oder die „Dornbuschsavanne" mit nur einer Akazie auf 100—200 m Marschweg noch kein Wald. Ist aber vielleicht diejenige Macchie nicht doch schon als Wald anzusprechen, aus der nach Abstellung der Ziegenweide überall Schosse aufwachsen, die Bäume zu werden versprechen? Müssen wir vielleicht auch dort schon von Wald sprechen, wo breitkronige Schirmakazien mit nur 40—80 Stück je ha beginnen, mit den Kronen zusammenstoßen? Und weiter: Welchen Wald dürfen wir produktiv, welchen unproduktiv, welchen erschlossen, welchen bewirtschaftet nennen? Trotz sorgfältiger Abstimmung der Definitionen bleibt eine Fülle von Fehlerquellen. Verfügen doch die verschiedenen Länder über ein qualitativ und quantitativ überaus unterschiedliches Fachpersonal. In Mitteleuropa steht je 3—4000 ha ein akademisch gebildeter Forstbeamter zur Verfügung. In Lappland treffen wir einen davon auf 100000 ha an und in Borneo fallen stellenweise mehrere Millionen ha auf einen einfachen Waldwärter. Führen solche Erscheinungen schon bei den Flächenstatistiken zu unvermeidlichen, großen Unsicherheiten, so steigern sich diese bei den noch schwierigeren Abschätzungen von Vorrat, Zuwachs und Ertrag. Vorrat und Zuwachs schätzt man i. a. aus durchschnittlichen Erfahrungszahlen je ha für bestimmte Waldtypen unter Verrechnung in die Flächen. Die in den amtlichen Statistiken mitgeteilten Einschlagsergebnisse sind schließlich sogar mit einem einseitigen Fehler behaftet: Sie sind durchweg geringer als die wirklichen Holzentnahmen, weil in der Statistik nur erscheint, was irgendwo einmal durch die Bücher lief. I. a. sind also die in den Statistiken mitgeteilten Einschlagszahlen nur derjenige Anteil der Holzentnahme, der vom Holz*handel* aufgenommen wurde. Der Eigenverbrauch der kleinbäuerlichen Waldbesitzer in Europa und Amerika und derjenige primitiver Waldvölker in den Tropen erscheint ebensowenig wie der gewaltige Holzverschleiß als Folge des Brand-Hackbaues bei unterentwickelten Völkern. Bei Vergleich von Zahlen für nutzbaren Holzvorrat und Holzzuwachs mit Einschlagsziffern der Statistik muß man die letzteren also mit einem Zuschlag von 20—50% ausstatten. Trotzdem stellen auch bei voller Würdigung aller vorgetragenen Unsicherheiten die von guten Fachkennern der FAO gelieferten Übersichten noch immer eine wertvolle Annäherung an den wirklichen Befund dar, der künftig dank der Möglichkeiten, die die Luftbildauswertung bietet, mit immer wachsender Sicherheit erarbeitbar wird.

Tabelle 7. *Stehende, nutzbare Holzvorräte*

Region	Nadelholz		Laubholz	
	Mio m³ mit Rinde	m³ je ha	Mio m³ mit Rinde	m³ je ha
Europa ohne UdSSR	5 000	80	2 700	70
UdSSR	50 000	100	8 700	65
Nordamerika	16 500	80	6 500	54
Lateinamerika	700	165	2 600	115
Afrika	100	41	5 800	75
Asien ohne UdSSR	4 000	90	17 200	105
Australien, Ost-Neuguinea und Ozeanien	200	75	700	55
	76 500		44 200	

Wenn also auch die Ziffern der Tabelle 7 nur als durch Messung meist unvollkommen gestützte Schätzung zu werten sind, vermitteln sie doch von der Größenordnung und von dem Verhältnis der Werte ausreichend zuverlässige und recht aufschlußreiche Grundvorstellungen.

Der nutzbare Holzvorrat auf den derzeit in Nutzung genommenen Waldflächen der Erde beträgt also rund 121 Milliarden m³ mit Rinde vermessen. Das entspricht einem massiven Holzwürfel von 4,95 km Kantenlänge. $^2/_3$ des Nadelholzvorrates und $^1/_5$ des Laubholzvorrates besitzt die Sowjetunion. Sie ist jederzeit in der Lage, als Besitzer von fast der Hälfte des nutzbaren Holzvorrates der Erde den Weltholzmarkt durch Verkäufe oder Zurückhaltung entscheidend zu beeinflussen. Nun ist allerdings die bei Betrachtung der Holzvorräte so erdrückend erscheinende sowjetische Vormachtstellung merklich weniger erschreckend, wenn man die jährliche Zuwachsleistung oder gar die wirklich vollzogenen Holzeinschläge vergleichend betrachtet (Tabelle 8).

Von 2 080 000 000 m³ mit Rinde vermessenen Holzzuwachses von den genutzten und bewirtschafteten Waldflächen der Erde werden 1 382 000 000 m³ ohne Rinde vermessenen Holzes wirklich geerntet. Das sind 68% vom Zuwachs mit Rinde. Rußland ist am Zuwachs mit 36%, an der Ernte mit 24% beteiligt. Während aber in Europa etwa der volle Zuwachs genutzt wird und in Amerika im Nadelholz bereits etwas über den Zuwachs gehauen wird, schlagen die Russen zur Zeit noch weniger als die Hälfte des jährlich auf ihren Wirtschaftswaldflächen angelegten Holzzuwachses.

Tabelle 8. *Holzzuwachs und Holzeinschlag*

Region	Nadelholz			Laubholz		
	Jährlicher Zuwachs mit Rinde		Wirkl. Einschlag o. R. je Jahr 1950/52	Jährlicher Zuwachs mit Rinde		Wirkl. Einschlag o. R. je Jahr 1950/52
	Mio m³	m³/ha	Mio m³	Mio m³	m³/ha	Mio m³
Europa ohne UdSSR	187	2,5	158	110	2,4	110
UdSSR	590	1,2	270	160	1,2	60
Nordamerika	300	1,8	277	236	1,9	98
Lateinamerika	23	4,1	12	64	3,1	138
Afrika	4	2,0	2	52	2,5	110
Asien	42	2,0	36	293	2,7	97
Australien und Ozeanien	2	1,8	4	17	1,2	10
	1148		759	932		623

Für die aktuelle Einwirkung einer Wirtschaftsregion auf den Weltholzmarkt sind nun aber weder die Waldflächen noch deren Vorräte und Zuwachsbeträge, noch die Gesamteinschläge von entscheidender Bedeutung. Im Weltholzhandel zählt nur das tatsächlich auf den Markt gebrachte Nutzholz und weder die nicht realisierten Vorrats- und Zuwachsanteile noch der als Brennholz verwertete Teil des Holzeinschlages. Deshalb bringt die folgende Tabelle 9 nun noch den durchschnittlich jährlichen ohne Rinde vermessenen, dem Verbrauch zugeführten Holzeinschlag der Wirtschaftsregionen, aufgeschlüsselt nach Nutzholz und Brennholz.

Am Nutzholzaufkommen der Erde ist also die UdSSR derzeit mit nur 25% beteiligt, während Nordamerika mit fast 42% teil hat. Dieses Verhältnis darf aber nicht darüber hinwegtäuschen, daß die UdSSR die weit größeren Reserven hat und erforderlichenfalls ohne Gefährdung der Nachhaltigkeit zu weit größerer Beteiligung am Nutzholzaufkommen der Erde vorschreiten kann. Durch

Verdoppelung des Holzeinschlages und Drosselung des Brennholz-
verbrauches könnte die UdSSR ohne Erschließung von bisher nicht
angerührten Urwäldern und ohne Überhieb in ihren Wirtschaftswäldern ihr Nutzholzaufkommen sicherlich auf etwa 450 Mio m³
ohne Rinde je Jahr steigern, wovon fast 410 Mio m³ ohne Rinde
als das besonders geschätzte nordische Nadelholz zu erwarten

Tabelle 9. *Jährlicher Nutz- und Brennholzeinschlag 1950/52 in Mio m³ ohne Rinde*

| Region | Nutzholz | | Gesamt-brenn-holz | Nutz-holz %/₀ vom Gesamt-ein-schlag | Nadel-brenn-holz | Nutz-holz %/₀ vom Nadel-Holz |
	Gesamt	davon Nadel-holz				
Europa ohne UdSSR	158	129	110	59	29	82
UdSSR	190	160	140	57	110	59
Nordamerika	309	250	66	82	27	90
Lateinamerika	18	7	132	12	5	58
Afrika	8	2	104	7	—	100
Asien	51	32	82	38	4	89
Australien	10	4	4	14	—	100
	744	584	638	54	175	76

wären. Die für derartige Steigerung des Holzertrages notwendige
Kapital- bzw. Arbeitsinvestierung wäre allerdings sehr bedeutend.
   Stellen wir uns noch einmal vor Augen: Von 1140 Mio ha in
Nutzung genommenen Waldes gehen zur Zeit 744 Mio m³ Nutzholz und 638 Mio m³ Brennholz, insgesamt je Jahr und ha also
1,16 m³ ohne Rinde vermessen ein. Es besteht kein Zweifel, daß
die Holznutzung in den Wäldern der Erde noch in sehr bedeuten-
dem Ausmaß steigerungsfähig ist. Solche Steigerung wäre erreichbar durch Intensivierung pfleglicher Wirtschaft auf den bisher
bereits genutzten Waldflächen, durch Einbeziehung des bereits
erschlossenen aber noch nicht genutzten Waldes in die planmäßige Nachhaltswirtschaft und schließlich durch Einbeziehung
der noch zu erschließenden produktiven Wälder. Darüber hinaus
wäre der Nutzungsanteil ganz allgemein sehr steigerungsfähig,
wenn Holz als Brennstoff immer weitergehend ersetzt würde.
Mehr als ²/₃ des heute noch höchst unrationell verheizten Holzes
ist nutzholztauglich und zwar zumindest als Faser- und Chemie-
rohstoff. Wir können nun unter Verwertung der uns bekannt

gewordenen Zahlen durchaus eine größenordnungsmäßig richtig liegende Abschätzung der mit Mitteln des Waldbaues praktisch erreichbaren oberen Grenze des nachhaltigen Holzertrages der überhaupt bewirtschaftbaren Wälder der Erde durchführen. Wir kommen dann zu folgender Rechnung:

Tabelle 10. *Nachhaltiger Ertrag der produktiven Wälder*

Nachhaltig mögliche Holzernte ohne Rinde bei allgemeiner Einführung pfleglicher Forstwirtschaft	Ertrag je Jahr in Mio m³ ohne Rinde
a) aus den heute bereits genutzten Wäldern der Erde	2423
b) aus den heute zwar erschlossenen, aber noch nicht genutzten Wäldern der Erde	1685
c) aus den noch nicht erschlossenen, aber produktiven Wäldern der Erde	1120
Alle produktiven Wälder der Erde	5228

Aus dieser optimal nachhaltig realisierbaren Gesamtholzernte ließen sich technisch sicherlich 4 Milliarden m³ Nutzholz ausgliedern. Die Holzerzeugung der Erde kann also erforderlichenfalls zweifellos noch auf das mehrfache des heutigen Ertrages gesteigert werden, ohne daß als Folge davon Wälder übernutzt oder zerstört werden müssen. Wohl gibt es zur Zeit noch viele Gebiete der Erde, wo örtlicher Holzmangel bzw. besonders hoher Bedarf zu regionaler Übernutzung und Waldvernichtung führt. Für die Erde als Ganzes kann aber von Holzmangel ganz und gar nicht die Rede sein. Sogar Deckung eines erheblich steigenden Bedarfes und Verbrauches an Nutzholz ist nur ein Problem der durch entsprechende Gestaltung der Holzpreise ausgelösten, weiterschreitenden Intensivierung der Waldwirtschaft in den bereits erschlossenen Wäldern, der Weiterführung der Erschließung und des Ausbaues der Verkehrswege und der internationalen Handelsbeziehungen. Selbst sehr erheblich steigender Holzeinschlag braucht dann noch keineswegs zu Waldzerstörung und Verlust von Wohlfahrtswirkungen durch Wald zu führen. Wir dürfen sogar aus Gesundung der heute nur mit bescheidenem Ertrag roh genutzten Wälder und deren Aufbau zu Kulturwäldern neben der Steigerung der Ertragsfähigkeit oft zugleich eine Verbesserung des Wirkungsgrades als Schützer der Landschaft und Träger von Wohlfahrtswirkungen erwarten. Es ist eine noch nicht genügend bekannte und gewürdigte Tatsache, daß gepflegte und zugleich als Holzerzeuger hochleistungsfähige Kulturwälder ihre Aufgabe als Träger von Wohlfahrtswirkungen, als Erosionsschutz, Regulator des Grundwassers und als Erholungsgebiet ebenso vollkommen erfüllen können wie ein ertragloser Urwald. Der durch rohe Nutzung zerstörte Wald dagegen ist weder als Holzerzeuger noch als Träger von Wohlfahrtswirkungen nutzbar. Es ist kein Zufall, daß gepflegte und durch hohen Nachhaltsertrag ausgezeichnete Kulturwälder überall in der Welt mit vorbildlich betriebener Hochleistungslandwirtschaft zusammen vorkommen und daß umgekehrt roh zerstörte Wälder eine armselige oder verwüstete Landwirtschaft rahmen. Die vorzüglich bewirtschafteten Buchenwälder Dänemarks, die gepflegten Gebirgswälder der Schweiz und die Teak-Plantagen von Java stehen zusammen mit hochintensiver und ertragreicher Acker- und Viehwirtschaft bzw. sichern ertragreichen Reisbau in Sawahs. Auf der anderen Seite gehören die jammervollen Ziegenweidenbüsche im Mittelmeerraum zusammen mit der armseligsten Landwirtschaft einer verelendeten Bevölkerung und die durch Waldschlächter verwüsteten Urwälder im Osten der USA zusammen mit den durch Staubstürme nach roher Übernutzung vernichteten Farmländern und den gegenüber Mittel-, Nord- und Westeuropa so bescheidenen landwirtschaftlichen Hektarerträgen der USA. Es ist eine beglückende Feststellung der modernen Forstwissenschaft seit etwa 1920, daß ein gesunder, Wohlfahrtswirkungen erfüllender Wald zugleich immer ein nachhaltig ertragreicher und fernerhin immer zugleich ein schöner Wald ist.

2. Holzzuwachs und Holzertrag
in Abhängigkeit von Standort und Baumart

In der Forstwirtschaft bestehen zwischen der natürlichen Fruchtbarkeit des Bodens und dem nachhaltig erwirtschaftbaren Ertrag engere Bindungen als in der modernen Landwirtschaft. Bodenarbeit und Düngung, Fruchtfolge und Sortenwahl und evtl. Beregnung machen bei überlegter Anwendung die Landwirtschaft und ihre Erträge im Rahmen der vom Klima gesetzten Grenzen

ziemlich weitgehend unabhängig von der natürlichen Bodenfruchtbarkeit. Die forstwirtschaftlichen Erträge dagegen werden
auf ungestörtem Waldboden — wiederum im vom Klima gesetzten Rahmen — entscheidend bestimmt durch die natürliche, mineralisch nachschaffende Kraft des Bodens. Im Walde speisen Nährstoffe, die bei Fortgang der Gesteinsverwitterung freiwerden, und
der aus abfallenden Zweigen und Blättern, abgestoßener Borke,
vergehenden Bodenpflanzen und verrottenden Wurzeln gebildete
Humus den Zuwachs und nicht zugeführte Mineral- oder Humus-
düngung wie beim Feldbau.

Der in Kubikmetern gemessene, erntbare Holzzuwachs bewegt
sich im deutschen Wald in gut bewirtschafteten Revieren je Jahr
und ha zwischen 2,0 und 12,0 m³; Spitzenleistungen reichen bis
über 18 m³; der deutsche Großwaldbesitz liegt mit seinem Durch-
schnittsertrag bei 4,5 m³. Die untere Ertragsgrenze, bei der Waldwirtschaft noch lohnt, liegt in Europa nördlich des Polarkreises
bei 0,5 m³; die vermutlich absolute Spitzenleistung an Volumenzuwachs ist in Aufwüchsen des durch die Kontiki-Floßfahrt weiten Kreisen bekannten, korkleichten Balsa-Holzes mit 55 m³ je
Jahr und ha ermessen worden. Die Holzerzeugung in Volumen-
m³ je Fläche und Zeiteinheit bewegt sich also nach Standort und
Baumart in sehr weiten Grenzen. Die Gunst des Standortes ist
entscheidend für die erreichbaren Werte von Holzzuwachs. Viel
weniger als in der Landwirtschaft möglich, kann der in den Wald
nutzend und gestaltend eingreifende Mensch den Zuwachs über
das naturbedingte Maß hinaus steigern. Das Augenmerk des Forstmannes und sein wirkungsvolles Eingreifen sind auf zwei andere
Ansätze gerichtet: Einmal muß er verhindern, daß im Zuge der
Waldnutzung eine Zerstörung des Waldes und Bodengefüges
eintritt; denn durch Wahl standörtlich ungeeigneter Baumarten
für Aufbau des Wirtschaftswaldes kann der Zuwachs gegenüber
dem am Standort Möglichen stark reduziert werden. Zum andern
muß er durch gute verkehrsmäßige Erschließung seiner Reviere
und durch stetige Auslesedurchforstung den wirtschaftlichen
Wert je erzeugbarer Volumeneinheit Holz erhöhen.

Es gibt noch heute einige 100 Mio ha unaufgeschlossene holz-
reiche Urwälder, deren Holzvorrat den wirtschaftlichen Wert Null
hat, weil hier Ernte und Transport eingeschlagener Hölzer mehr

Kosten verschlingen würden, als aus deren Verkauf erlöst werden könnte. Die Gelderträge aus Waldwirtschaft sind deshalb in höherem Maße „Differentialrenten" als Gelderträge aus Landwirtschaft. Die Holzpreise, die Erträge aus Waldwirtschaft entscheidend bestimmen, sind in erster Linie abhängig von der allgemeinen verkehrsmäßigen Erschlossenheit und vom wirtschaftlichen Entwicklungsstand der Großlandschaft, in die ein Wirtschaftswald eingebettet ist. Erträge aus Waldwirtschaft können sich bereits ohne Mitwirkung und Verdienst der Waldbesitzer vervielfachen, wenn die umgebende Landschaft verkehrsmäßigen und gewerblichen Aufschwung erlebt. Es ist deshalb grundsätzlich zu billigen, wenn bei Neuordnung von Grundsteuersätzen in verkehrsmäßig und gewerblich rasch fortschreitenden Ländern solchen Tatsachen Rechnung getragen wird durch relativ größere Erhöhung der Sätze für Waldgrund als für Ackergrund. Aus dem gleichen Grund ist es gerechtfertigt, wenn dem Waldbesitzer auch ohne Entschädigung Eigentumsbeschränkungen auferlegt werden, die zur Sicherung der Wohlfahrtswirkungen eines Waldes für die umgebende Kulturlandschaft notwendig sind. Es gibt z.B. weder eine moralische noch eine juristische Rechtfertigung dafür, daß etwa ein Waldbesitzer entschädigt werden müßte, weil er im Quellgebiet, das der Wasserversorgung einer Stadt dient, keinen Kahlschlag führen und nur plenternd nutzen darf. Ebensowenig wäre es vertretbar, wenn er der Erholung suchenden Bevölkerung der umgebenden Kulturlandschaft im Interesse seiner Jagdvergnügungen den Zutritt zum Walde verwehren dürfte. Es liegt sehr viel „gesundes Volksempfinden" in der uralten Vorstellung, daß der Wald in gewissem Umfang „Gemeineigentum" ist. Privateigentum kann an ihm nur insoweit begründet sein und bleiben, als auch im Privatwald die Wohlfahrtswirkungen für die Gesamtbevölkerung unbedingt gesichert bleiben. Entschädigt wird der Waldbesitzer für solche Eigentumsbeschränkung durch das Steigen der Holzpreise, das bedingt ist durch das Leben und Wirken der Menschen, denen die Wohlfahrtswirkungen des Waldes zugute kommen.

Nun wäre es freilich eine Irreführung, den Ertrag aus Forstwirtschaft ausschließlich als Funktion der wirtschaftlichen Erschlossenheit des Umlandes zu bezeichnen. Schlechtes oder fehlerhaftes

Wirtschaften vermag sehr wohl die standörtliche Leistung stark zu mindern. So liegen verbürgte Beispiele dafür vor, daß in Kiefernrevieren infolge immer wiederholter Entnahme der Bodenstreu der nachhaltige Holzzuwachs allmählich bis auf etwa $^1/_3$ des Ausgangswertes reduziert wurde. Durch wiederholten Anbau reiner Fichtenbestände in Trockengebieten Nordwestsachsens ging im Laufe von 100 Jahren in konkreten Einzelfällen der Volumenzuwachs von rund 12 m³ je Jahr und ha auf 2,5 m³ zurück. Der wirkliche Potenzverlust ist hier noch größer als diese Zahlen auszudrücken vermögen, weil mit dem Ertragsrückgang eine nur schwer wieder gutzumachende Zerstörung des Bodengefüges verbunden war. Die Abhängigkeit der nachhaltigen Holzerträge von der Wahl der Baumart soll noch an einigen Beispielen deutlich gemacht werden. Im Sachsenwald bei Hamburg können auf gewissen Standorten des Altdiluviums aus einem Rotbuchenbestand etwa 4,5 m³ Nachhaltsertrag je Jahr und ha erwartet werden. Ersetzt man den Buchenbestand durch einen Fichtenbestand, so gehen in der ersten Generation 6—7 m³ ein. Der Boden erlebt aber dabei unerwünschte Veränderungen. Läßt man dem gleichen Buchenbestand aber Douglasien folgen, so ernten wir 10—11 m³ je Jahr und ha und unerwünschte Veränderungen sind nicht erkennbar. An der Nordseeküste bei Aurich können wir aus dem dort natürlichen Laubwald bei guter Bewirtschaftung etwa 3 bis 5 m³ Nachhaltsertrag erwarten. Der Anbau von in süddeutschen Gebirgen heimischen Weißtannen ließ aber Bestände folgen, die hier heute 7—8 m³ bringen. Mit der Auswahl der für Auswertung und Pflege des Standortes jeweils günstigsten Baumart oder Baumartenmischung und mit deren stetiger Pflege durch die Durchforstung hat der Forstmann sein wichtigstes und wirkungsvollstes Mittel in der Hand, dem möglichen Ertragsoptimum immer näher zu kommen.

Handelt es sich bei den Wirtschaftsmaßnahmen des Waldbaues fast immer um ein Bemühen zur optimalen Auswertung der naturgegebenen Standortfaktoren, so vermag der Landwirt viel häufiger aktiv zur Umgestaltung und Verbesserung dieser Standortfaktoren zu schreiten. Der erzielbare Preis seiner Erzeugnisse macht regelmäßig wiederkehrende Bodenarbeit und mineralische Düngung, Be- oder Entwässerung, Gründüngung, Bemistung und

Fruchtfolge wirtschaftlich. Auf diese Weise kann aber eine sehr weitgehende Unabhängigkeit der Ertragsleistung von den natürlichen Bodeneigenschaften erreicht werden. Abhängig bleibt freilich auch der Landwirt vom Standortfaktor Klima. Diese Tatsachen haben — wie bereits oben angedeutet — zur Folge, daß eine moderne, intensive Landwirtschaft im makroklimatisch für sie günstigen Gebiet höhere Substanzerträge bringen kann als Waldbau im gleichen Gebiet. Waldbau ist hinsichtlich der Substanzerzeugung je Zeit und Flächeneinheit dagegen dort überlegen, wo das Makroklima für landwirtschaftliche Optimalleistung zu rauh ist. Wenn man so den Trockensubstanzertrag einschließlich Blättern, Borke und Wurzeln aus Waldbau mit der gesamten

Abb. 51. 63jährige Douglasie (Höhe 35 m, Durchmesser 80 cm) zwischen gleichaltriger Fichte (Höhe 26 m, Durchmesser 37 cm) und 180jähriger Stieleiche (Höhe 30 m, Durchmesser 80 cm) im Sachsenwald bei Hamburg zeigen die sehr unterschiedliche Wuchsleistung von verschiedenen Bäumen auf gegebenem gleichen Standort

Trockensubstanzerzeugung landwirtschaftlicher Kulturen vergleicht, ergeben sich für Deutschland folgende interessante Beziehungen: Im für Landwirtschaft so günstigen, regenarmen Lößgebiet Mitteldeutschlands brachte diese im Durchschnitt 6,2 t je Jahr und ha, während hier der Waldbau nur 3,3—3,5 t erzeugte. Auch noch im bodenmäßig von Natur aus so armen Südteil der ostelbischen Kiefernheide bringt die intensiv betriebene

Landwirtschaft mit 3,9 t mehr als der Waldbau mit 2,7—2,9 t. Im klimarauhen Schwarzwald und Harz dagegen muß sich die Landwirtschaft mit 3,7 t begnügen, während hier der Waldbau dank ausreichender Feuchtigkeit durch Niederschläge 5,3 bis 6,0 bzw. 4,8 bis 5,3 t erzeugen kann. Mängel am Boden vermag die Landwirtschaft heute weitgehend auszugleichen, Mängeln am Klima kann sie nur durch Züchtung fester Sorten einigermaßen begegnen.

Die leistungsfähigsten Waldgebiete Deutschlands sind Schwarzwald und Alpenvorland. Für Holzwachstum günstiges physikalisches Bodengefüge, nachschaffende Kraft aus Verwitterung und hoher, gleichmäßig verteilter Niederschlag sind das Geheimnis des Erfolges. Die forstlich ertragsärmsten Gebiete sind neben den hohen Gebirgslagen nahe der Waldgrenze die regenarmen Sandebenen zwischen Potsdam und Görlitz und an der Odermündung, außerdem die podsolierten Heideflächen der Altmark und die von Lüneburg bis Celle. Im Gesamtdurchschnitt vermag die zweite Gruppe bei gleichmäßig guter Bewirtschaftung nur rund die Hälfte des Volumenertrages je Jahr und ha zu erzeugen, der aus Wäldern der ersten Gruppe eingeht.

Insgesamt dürfen wir für Deutschland folgern, daß im makroklimatisch für landwirtschaftliche Erzeugung günstigen Gebiet der Wald nur in dem Umfang gegen Ansprüche der Landwirtschaft zu verteidigen ist, wie er zur Sicherung der mannigfaltigen Wohlfahrtswirkungen erforderlich ist. In den rauhen Lagen der Mittelgebirge ist dagegen der Waldbau dem Ackerbau in der Erzeugungspotenz so überlegen, daß hier landwirtschaftliche Nutzfläche auf das zur örtlichen Versorgung mit gewissen Frischprodukten erforderliche Ausmaß beschränkt werden sollte. Die heutige Grenze zwischen Wald und Feld hat sich in Deutschland etwa um 1400 am Ende der großen Kolonisationsperiode gebildet. Sie hat sich seitdem nicht wesentlich verschoben, weil sie diejenigen Flächen als „absoluten Waldboden" von der landwirtschaftlichen Nutzung ausschloß, auf denen kein ertragreicher Feldbau oder Wiesenbau mehr möglich war. Durch die technischen Fortschritte der modernen Landwirtschaft und als Folge der Umwälzung im Verkehrs- und Transportwesen ist aber eine erhebliche Verschiebung in und aus der Gruppe der absoluten Waldböden eingetreten. Auf der einen Seite vermag man heute dank

Landbautechnik und Züchtung auch auf gewissen Flächen landwirtschaftlich ertragreich zu arbeiten, wo dies vor wenigen Jahrzehnten noch aussichtslos war. Andererseits bleiben dank der Verbesserung der Verkehrsverhältnisse gewisse Gebirgsäcker, die bisher der Versorgung der nächsten Umgebung dienten, heute ohne Rente, und manche Steillagen scheiden aus der künftigen landwirtschaftlichen Nutzung deshalb aus, weil hier Einsatz von Maschinen nicht mehr wirtschaftlich ist. Die Landesplanung steht unter diesen Umständen noch vor großen Aufgaben. Zum „absoluten Waldboden" im modernen Sinn müssen wir heute neben die auch mit heutiger Technik nicht landwirtschaftlich ertragreich zu gestaltenden, bewaldungsfähigen Flächen alle diejenigen stellen, die Schutzwald im weitesten Sinne tragen oder tragen sollten. Neben die Wälder als optimale Verwerter eines gegebenen Standortes treten also die Wälder als Erosionsschutz, als Windbrecher, als Regler des Wasserhaushaltes und nicht zuletzt als Erholungsstätte der Bevölkerung auch auf landwirtschaftlich mit guter Rente nutzbaren Standorten. Die „protektiven" Aufgaben und Wirkungen des Waldes müssen um so eindeutiger vorrangig vor die „produktiven" treten, je mehr ein Land und ein Volk auf die Erträge aus gewerblicher Wirtschaft angewiesen ist. In diesem Sinne kann es sogar voll gerechtfertigt sein, wenn auch landwirtschaftlich mit Gewinn nutzbarer Grund Wald wird oder Wald bleibt. Gleichfalls kann es vertretbar sein, in einem Wald bewußt auf standörtlich mögliche Höchsterträge an Holz dort zu verzichten, wo nur ein Bestandesgefüge oder eine Baumartenzusammensetzung geringerer Ertragspotenz gewisse erforderliche Wohlfahrtswirkungen sichert. Tatsächlich ist ein solcher „Konkurrenzkonflikt" seltener, als Fachleute und Laien i. a. glauben. *In der Regel ist der schöne und gesunde Wald, der Wald, in dem nie größere Flächen kahl liegen, der uns gemischt und mannigfaltig ausgeformt entgegentritt, auch der Wirtschaftswald, der nachhaltig die standörtlich höchstmöglichen Holzerträge abschöpfen läßt.*

III. Holzbilanzen

1. Entwicklungstendenz des Holzverbrauches

Der derzeitige Holzverbrauch der Erdbevölkerung liegt je Jahr bei etwas über 2000 Mio m³, das entspricht einem massiven Holzwürfel von 1,41 km Kantenlänge, davon wird heute noch mehr als die Hälfte verheizt. Buchmäßig erfaßt werden können bisher kaum ²/₃ des Holzverbrauches der Welt. 1953 ergab sich für diesen Teilbetrag folgende Bilanz:

Tabelle 11. *Bilanz der verbuchten Holzerträge*

| Region | Einschlag | 1000 m³ Rundholz | | Verbrauch |
		Import	Export	
Europa ohne UdSSR	189 900	54 500	55 900	188 500
UdSSR	365 000	1 100	2 600	363 500
Nord- und Mittelamerika	394 500	43 300	48 900	388 900
Südamerika	136 200	4 100	2 300	138 000
Afrika	81 600	3 800	2 300	83 100
Asien ohne UdSSR	102 500	7 300	5 100	104 700
Pazifik	21 500	1 800	400	22 900
Total	1 291 200	115 900	117 500	1 289 600

Im Weltdurchschnitt sind von diesem verbuchten Gesamtverbrauch 48% für Sägeware, 19% für Zellstoff und Papier, $6^{1}/_{2}$% für sonstiges Nutzholz, 8% für Holzkohle und der Rest von $18^{1}/_{2}$% für Brennholz verwertet worden. Vom nicht buchmäßig erfaßten Holzverbrauch von schätzungsweise 700—800 Mio m³ ist der überwiegende Anteil als Feuerholz verwertet worden.

Wenn man hieraus herleitet, daß je Kopf der Erdbevölkerung je Jahr 0,83 m³ Holz verbraucht werden, so ist dieser Durchschnitt recht nichtssagend. Tatsächlich ist der Verbrauch von Land zu Land sehr verschieden. Im holzreichen, kohlenarmen Finnland stieg der Holzverbrauch zeitweilig auf über 5,0 m³ je Kopf, wovon nur etwa 1,75 m³ als Nutzholz verwendet wurden. Ähnlich hoch dürfte der Verbrauch in Nordrußland und Kanada sein. In Deutschland liegt der Holzverbrauch je Jahr und Kopf zwischen 0,7 und 0,8 m³, also etwa bei dem Weltdurchschnitt. In tropischen Gebieten sinken aber diese Werte bis auf 0,1—0,2 m³ je Jahr und Kopf der Bevölkerung und in einzelnen arabischen Staaten des Nahen Ostens ist der Holzverbrauch noch geringer. In den letzten 4 Jahrzehnten ist der Holzverbrauch in Europa ohne die UdSSR trotz stürmischer technischer Fortschritte annähernd gleich geblieben, wie folgende von MAYER-WEGELIN mitgeteilte Tabelle 12 zeigt.

Tabelle 12. *Holzverbrauch Europas ohne UdSSR*

| | 1913 | | 1950 | |
	Mio m³	je Kopf	Mio m³	je Kopf
Nutzholzverbrauch	148	0,44	170	0,43
Brennholzverbrauch	145	0,42	115	0,26
Summe	293	0,86	285	0,69

In einer Zeit enormer absoluter und relativer Zunahme des Verbrauches an anderen Werkstoffen, besonders an Stahl und Zement, ist also der Nutzholzverbrauch je Kopf trotz des großen Nachholbedarfes nach dem 2. Weltkrieg praktisch unverändert geblieben, während der Brennholzverbrauch sehr stark zurückging. Eine andere Erscheinung zeigt, daß gerade in industriell entwickelten Ländern Holz ziemlich weitgehend als Roh- und Werkstoff ersetzbar ist. In den industriell hoch entwickelten Ländern Mittel- und Westeuropas sank nämlich der Nutzholzverbrauch je Kopf von 1935—1950 von 0,60 auf 0,48 m³. Das Gleichbleiben des Gesamtdurchschnittes beim Nutzholzverbrauch in Europa ohne die UdSSR seit 1913—1950 kommt nur dadurch zustande, daß in den industriell erst langsam aufbauenden Holzausfuhrländern Osteuropas und den industriell ebenfalls erst antretenden Holzeinfuhrländern Süd- und Südosteuropas der je Kopf-Verbrauch an Nutzholz von 1935—1950 von 0,28 auf 0,37 bzw. von 0,15 auf 0,19 m³ stieg. Insgesamt zeigt sich ziemlich deutlich, daß wir bei einem Wirtschafts- und Sozialgefüge, wie es in Mitteleuropa heute vorliegt, auf einen mittleren Jahresbedarf an Nutzholz je Kopf von etwa 0,45 m³ zusteuern. Europa ohne die UdSSR ergab 1950, also nach Überwindung der gröbsten Kriegsfolgen, nachstehende Aufschlüsselung des Nutzholzverbrauches:

für Bauwesen . . . . 40,8% = 0,175 m³ je Kopf
für Bergbau . . . . 10,4% = 0,045 m³ je Kopf

für Transport und Verkehr (Fahr-
  zeuge, Schiffe, Masten, Schwellen) 6,8 % = 0,030 m³ je Kopf
für Holzverarbeitung (Möbel usw.) 13,2 % = 0,055 m³ je Kopf
für Verpackungsmaterial . . . . . 15,6 % = 0,065 m³ je Kopf
für Zeitungsdruck und Schreibpapier 8,9 % = 0,040 m³ je Kopf
für Fasern und Zellstoff . . . . . . 4,3 % = 0,020 m³ je Kopf

100,0 % = 0,430 m³ je Kopf

Der Holzverbrauch je Kopf der Bevölkerung in Deutschland ist von Mitte des 19. Jahrhunderts bis zum Beginn des 1. Weltkrieges mit zunehmender Industrialisierung und mit Ansteigen des Lebensstandards ständig gewachsen. Von da an bis heute ist dann aber, wie oben bereits gezeigt wurde, der Brennholzverbrauch stark, der Nutzholzverbrauch ein wenig zurückgegangen. Die damit angedeutete Tendenz zur Verdrängung des Nutzholzes durch andere Roh- und Werkstoffe hält an.

Eine Prognose für die weitere Entwicklung ist trotzdem nicht leicht. Nach SANDERMANN lassen sich aber einige wahrscheinlich wirksam werdende Tendenzen aus der allgemeinen wirtschaftlichen Entwicklung herleiten. So wird Holz als Brennstoff bzw. Energieerzeuger weiterhin an Bedeutung verlieren und durch Kohle, auf lange Sicht durch Wasserkraft und Atomenergie, abgelöst werden. Dagegen wird die Bedeutung und Verwendung von Holz als Rohstoff der chemischen Industrie sicherlich erheblich zunehmen und als solcher wahrscheinlich noch nach Erschöpfung der Kohlenlager Bedeutung haben bzw. noch weiter gewinnen. Es dürfte die Zeit kommen, wo mindestens in Industrielandschaften Verbrennung von Holz als rohe Vergeudung eines wertvollen Chemierohstoffes gewertet wird. Holz als Faserstoff, als Ausgang für Herstellung von Papier und Zellwolle, von Zellglas und Futterzellulose, Holzzucker und Holzkohle, wird in zunehmendem Maße am Gesamtverbrauch beteiligt sein und auch absolut in großen Mengen benötigt werden. Dabei wird auch Holz als Nahrungsstoff gegenüber sonstigen Pflanzenassimilaten wahrscheinlich gewinnen, während Holz als Baustoff gegenüber anderen Baustoffen weiterhin an Bedeutung verlieren wird, ohne in dieser Funktion je ganz ausgeschaltet zu sein. Der Vormarsch der stetig verbesserten Leichtmetalle samt Legierungen, der

82

Zemente, Gläser und Gesteinsschmelzen wird aber zweifellos das Holz im Bauwesen der Zukunft erheblich zurückdrängen. Zumindest wird Holz zunehmend seltener im gewachsenen Gefüge Verwendung finden.

Solche höchstwahrscheinlich richtigen allgemeinen Voraussagen geben noch keine Möglichkeit, den wirklichen Bedarf, Wert und Preis von Holz für die nächste Zukunft annähernd zuverlässig vorauszusagen. Die wichtige Tatsache, daß Holz einerseits ein überaus vielfältig verwendbarer Rohstoff ist und andererseits erst nach Umformung und Vergütung einen in der heute vorherrschenden Großfertigung begehrten, einheitlichen und normbaren Werkstoff ergibt, wirft mannigfaltige Probleme auf. Auf der einen Seite wird zwar die Schönheit des gewachsenen Holzes im Möbelbau und in der Innenarchitektur mitunter überaus hoch bewertet — aber die Bewertung unterliegt von der Mode diktiertem Geschmackswandel. Die Forstwirtschaft mit den gerade bei Werthölzern meist 100 Jahre übersteigenden Produktionszeiträumen kann aber solche Geschmacksentwicklung unmöglich voraussehen und ihre Produktionspläne darauf abstimmen. Die forstwirtschaftliche Planung muß sich deshalb damit begnügen, unter Verwendung der für den jeweiligen Standort am besten geeigneten Baumarten die Erzeugung möglichst großer Holzmassen *in möglichst mannigfach verwertbaren Sorten* anzustreben. Wir müssen insgesamt in zunehmendem Maß damit rechnen, daß immer weniger Holz als gewachsener, unveränderter, dagegen immer mehr Holz als durch Chemiker und Physiker umgeformter Rohstoff verwendet werden wird. 1925/39 ging in Deutschland noch der größte Teil des Nutzrundholzes ohne vorherige technologische Umformung in die gewerblichen Betriebe.

Während nun Holz als gewachsener Rohstoff seit etwa 20 Jahren in den industrialisierten Ländern keinen Fortschritt mehr macht, ja sogar stellenweise Rückgang erfuhr, ist die chemische Verwendung des Holzes noch in stürmischer Fortentwicklung. Hierfür sollen an Stelle farbloser Gesamtstatistiken einige Zahlen für konkrete überschaubare Fälle Erläuterung geben: In Schweden stieg der Papierverbrauch je Kopf der Bevölkerung von 1940 bis 1952 von 31 auf 52 kg, in den USA in der gleichen Zeit von etwa 100 auf 165 kg. Die Weltproduktion an Papier stieg von 1930 bis

1940 bzw. 1950 von 20 Mio t auf 31 Mio t bzw. 40 Mio t, diejenige von Zellstoff für die gleichen Abschnitte von etwa 9 Mio t
auf 13,5 bzw. 19 Mio t. In der Produktionsentwicklung eines der
größten Holzkombinate Nordschwedens, Mo och Domsjö AB,
zeigt sich deutlich die Schwerpunktverlegung von der mechanischen zur chemischen Verwertung des Holzes. Noch 1903 erzeugte
diese Firma nur Sägeware. 1920 waren bereits 53 % der Produktion
Zellstoff. In diesem Jahr setzen aber bereits noch andersartige
chemische Verwertungen ein. 1935 sind dann auch nur noch 22 %
der Gesamtproduktion Sägeware, 65 % Zellstoff und 13 % durch
anderweitige chemische Umwandlung des Holzes gewonnene
Produkte. 1945 ist dann der Sägewareanteil auf 12 % zurückgegangen, 54 % sind Zellstoff, und die sonstigen Chemieprodukte
sind auf 34 % Anteil gestiegen. Die chemische Umformung
beherrscht eindeutig das Feld.

Alles deutet darauf hin, daß Holz als Rohstoff in einigen Jahrzehnten im wesentlichen nur noch 2 Wege geht. Einmal wird es
hochbewerteter Werkstoff bleiben, wo das natürliche Gefüge und
die gewachsene reizvolle Schönheit des Holzes entsprechende
Würdigung finden: als Werkstoff für Möbel und Innenarchitektur, für Holzplastik und Holzgerät, für Musikinstrumente und
für edle Luxusbehältnisse. Im übrigen aber wird sich das Rohholz
immer weitergehend Umformung zu normbaren Holzwerkstoffen
gefallen lassen müssen. Nur so bleibt wahrscheinlich Holz als
Rohstoff der Konkurrenz von Stahl und Beton, von Chemiefaser
und Kunststoff voll gewachsen.

2. Holzbilanz Europas

Es ist gewiß sehr interessant zu prüfen, wie sich voraussichtlich
die Holzbilanz der europäischen Länder außerhalb der Sowjetunion in den kommenden Jahrzehnten gestaltet. Solch eine
Prognose für die ganze Welt aufzustellen, wäre mangels ausreichender Unterlagen eine reine Spekulation ohne praktischen
Wert. Für die Länder Europas darf man aber einen solchen Ausblick wagen. Hier sind die Waldfläche und ihre Ertragsleistung
einigermaßen zuverlässig bekannt, man kann die Entwicklung der
Bevölkerung und ihrer Bedürfnisse, der gewerblichen Wirtschaft

und der Landwirtschaft abschätzen und vermag sich auch ein Bild zu machen von dem Ausmaß der Steigerungsfähigkeit der Walderträge und von den Techniken, die zu solcher Steigerung führen.

Aus den Erhebungen der FAO vermögen wir für ein Europa, das alle Staaten mit Ausnahme des sowjetischen Staatsgebietes und Albaniens, aber einschließlich der ganzen Türkei umfaßt, folgenden holzwirtschaftlichen Tatbestand zu fixieren:

Tabelle 13. *Forst- und Holzbilanz Europas ohne UdSSR*

Gebiet	Produkt. Waldfläche Mio ha	Davon Nadelwald Mio ha	Waldfläche je Kopf ha	Holzzuwachs je Jahr/ha Wald m³ *	Nutzholzverbrauch je Jahr u. Kopf m³ *
Nordeuropa	49,70	38,80	3,52	1,0—3,0	1,20—1,75
Nordwesteuropa (einschl. Deutschland westl. Oder/Neiße)	23,63	10,65	0,13	2,0—5,0	0,50—0,80
Zentraleuropa (einschl. deutscher Gebiete ostwärts Oder/Neiße)	14,17	11,05	0,30	2,0—4,0	0,20—0,60
Süd- u. Südosteuropa	39,91	10,75	0,29	0,1—3,0	0,05—0,20
Türkei	10,00	6,50	0,52	0,1—2,0	0,04
Summe	137,41	77,75	0,345	1,9	0,41
Davon außerhalb des sowjetischen Machtbereiches	113,1	65,50	0,355		

Heute wohnen in Europa, wie wir es oben begrenzt haben, etwa 410 Mio Menschen, davon leben 320 Mio außerhalb des Machtbereiches der Sowjetunion. Diese Menschen verbrauchten 1950 an verbuchter Holzernte 168 Mio m³ Nutzholz und 126 Mio m³ Brennholz. Das bedeutet je Kopf der Bevölkerung 0,71 m³ und je ha produktiver Waldfläche 2,13 m³ Rundholz je Jahr. Woher stammten nun 1950 die 294 Mio m³ verbrauchten Rundholzes? 283 Mio m³ wurden in den Wirtschaftswäldern des wie oben begrenzten Europas eingeschlagen. Hiervon gelangten aber nur 278 Mio m³ in die Wirtschaft, 5 Mio m³ gerieten bei der Aufarbeitung und beim Transport, insbesondere als Sinkholz bei

* Alle m³ Ziffern für Holzvolumen in dieser Tabelle bedeuten forstüblich aufgemessen m³ Rundholz mit Rinde.

der Flößerei in den nordischen Ländern, in Verlust. 1950 mußten hiernach 16 Mio m³ Holz von außerhalb nach Europa eingeführt werden. Der Zuwachs der produktiven Wirtschaftswälder dieses Europas wurde 1950 mit 261 Mio m³ eingeschätzt. Rein rechnerisch wären hiernach 22 Mio m³ mehr eingeschlagen worden als durch Zuwachs ergänzt werden konnten. In Wirklichkeit ist aber der Überhieb, der in den Ländern Europas den produzierenden Vorrat und damit früher oder später auch Zuwachs und Ertrag mindern muß, größer gewesen, weil der Eigenverbrauch der kleinbäuerlichen Waldbesitzer und Verluste durch Diebstahl und Waldbrand gar nicht oder nur unvollständig durch die Statistik erfaßt wurden. Diesen unverbuchten Holzeinschlag darf man mit etwa 20—25 Mio m³ einschätzen, so daß der durch Zuwachs nicht gedeckte Überhieb etwa 45 Mio m³ forstüblich aufbereitetes Rundholz je Jahr betragen hat.

Der Holzverbrauch ist mit der europäischen Konjunktur seit 1950 weiter gestiegen, während der Zuwachs in den Wäldern praktisch unverändert blieb. Es ist hiernach offensichtlich, daß Europa z. Z. und bis auf weiteres einer gesteigerten Einfuhr von Holz oder von Holzprodukten bedarf, wenn es bedenkliche Übernutzung seiner eigenen Wälder und damit fortlaufende Verschlechterung seiner Holzbilanz vermeiden will. In dieser Lage muß es interessieren zu prüfen, ob die Produktivität der eigenen Wälder einer Steigerung fähig ist und wenn ja, mit welchen Mitteln und in welchem Umfang.

Eine Steigerung der Holzproduktion aus Heranziehung unerschlossener Urwälder ist in Europa im Gegensatz zu anderen Erdteilen nur in bescheidenem Ausmaß möglich. In den nordischen Ländern sind noch etwa. 1 565 000 ha unerschlossenen Urwaldes vorhanden, in den Alpen etwa 400 000 ha und in Bosnien noch etwa 250 000 ha. Nur die letzteren sind gut mit Vorrat ausgestattet und zuwachsträchtig. Immerhin könnte die sofort beginnende planmäßige Erschließung restlicher Urwälder die Holzbilanz Europas kurzfristig ein wenig verbessern. Eine wesentliche, aber frühestens in 40 Jahren wirksam werdende Verbesserung könnte aus der Aufforstung von 6,5 Mio ha Ödland erwachsen. Recht bedeutsam und von rascher Wirkung auf die Verbesserung der Bilanz wäre eine technisch als möglich erwiesene Verminderung der Holzverluste bei Fällung, Transport und Verarbeitung, gekrönt durch eine planmäßige Verwertung der Holzabfälle. Rasch könnte auch eine zuverlässige Waldinventur dadurch Zugang bringen, daß die zulässigen Hiebssätze in einem Teil der Wälder sicherlich erhöht werden dürften; denn bisher muß die Forsteinrichtung unter Würdigung der unsicheren Unterlagen Abzüge bei ihren Ansätzen für Erntesoll in den Nutzungsflächen einsetzen, um dem produktiven Waldbestand auf jeden Fall einen Mindestvorrat zu sichern. Dagegen könnten Maßnahmen zur Verbesserung der Erbanlagen unserer Waldbäume, zum Aufbau kalamitätenfesten Mischbestandes und zur Befreiung der Wälder von schädlichen Nebennutzungen erst nach Jahrzehnten, dann aber überaus ins Gewicht fallende Holzertragssteigerungen zur Folge haben.

In verhältnismäßig kurzer Zeit läßt sich dagegen eine Vergrößerung der Holznutzung in Europa erreichen, wenn alle „Möglichkeiten der Holzerzeugung außerhalb des Waldes" in intensiv bewirtschafteten Holzplantagen, Alleen und in Rainbepflanzungen, sogenannten „Knicks", mit Pappeln und Weiden, in Südeuropa auch mit Eukalypten ausgeschöpft würden.

Man kann nun eine Prognose für eine mögliche Nutzholzerzeugung im wie oben begrenzten Europa für das Jahr 2000 aufstellen unter der Voraussetzung, daß ab sofort überall die Maßnahmen eingeleitet werden, die mit Sicherheit zur Verbesserung der Holzbilanz führen. Dann ergibt sich folgende Rechnung:

Nutzholzertrag aus eigenem Nachhaltseinschlag im
Jahre 1950 . . . . 158 Mio m³
Zugang als Folge von Verringerung der Holzverluste 23 Mio m³
Ertrag aus Holzzuchtplantagen . . . . 18 Mio m³
Nachhaltsertrag auf aufgeforstetem Ödland . . . . 32 Mio m³
Zugang infolge möglicher Hiebssatzerhöhung nach
Inventur . . . . 8 Mio m³
Erträge aus Urwalderschließung . . . . 2 Mio m³
Ertragssteigerung durch Reduktion der Wildbestände
und Regulierung der Holzeinschlags- und Streu-
entnahme-Berechtigungen der Landbevölkerung auf
36 Mio ha um 0,5 m³ je ha . . . . 18 Mio m³

Ertragssteigerung als Folge von Mutterbaumauslese
für Saatgutgewinnung und Züchtung (bes. unsichere
Schätzung) . . . . 25 Mio m³
Reduktion der Kalamitätsverluste durch Gefüge-
umbau auf 50% des Verlustansatzes von 1950 . . . 35 Mio m³

319 Mio m³

Wenn wir mit unserer weiter oben ausgesprochenen Vermutung,
„daß der Nutzholzbedarf sich für den Standard Europas auf
0,45 m³ je Jahr und Kopf einpendelt", bis zum Jahre 2000 recht
behalten, dann könnte bei Erfüllung unserer Voraussage hinsichtlich der Holzerzeugung im Jahre 2000 aus eigenem Aufkommen der europäischen Wälder der Nutzholzbedarf einer von
410 auf > 700 Mio gestiegenen Bevölkerung befriedigt werden.

Eine solche Rechnung hat natürlich einen vorwiegend illustra-
tiven Wert zur Vermittlung einer Vorstellung von den reinen forst-
und holzwirtschaftlichen Möglichkeiten. Tatsächlich vollzieht
sich die Entwicklung der Forst- und Holzwirtschaft im Rahmen
und in voller Abhängigkeit von weit mächtigeren Abläufen.

Grundsätzlich gibt es jedenfalls in den Wäldern der Erde, wie
wir oben zeigen konnten, noch unendlich viel Holz, und die
Holzerzeugung ist erforderlichenfalls gewaltiger Steigerung
fähig. Von der Rohstoffseite her kann von einem allgemeinen
Holzmangel auf der Welt weder heute noch in absehbarer Zeit
gesprochen werden. Das Schicksal der Holzwirtschaft und die
Verwendung des Rohstoffes Holz werden ganz überwiegend
davon abhängen, ob Holz an den Stellen des Bedarfes zu einem
Preis und zu einer Qualität angeboten werden kann, der es mit
anderen Rohstoffen und vor allem mit den mächtig vorschreiten-
den Kunststoffen erfolgreich konkurrieren läßt. Forstwirtschaft
und Holzwirtschaft sind sich aber offensichtlich in Deutschland
noch nicht ausreichend der Gefahr bewußt, die vor allem seitens
der Kunststoffe droht. Es wäre sonst unverständlich, daß die
Forstverwaltungen und Waldbesitzer aus den Konjunktur-
gewinnen der letzten Jahre nicht mehr zur Verbesserung der
Betriebe, für Bau von Wegen und Werkwohnungen, für Umbau
zu krisenfesten Bestockungen und für Meliorationen, Schulung,
Fortbildung und Forschung abgezweigt haben. Es wäre bei

vorhandener Kenntnis der Gefahr ebenso unverständlich, daß die deutsche Holzwirtschaft so erstaunlich wenig für die Forschung tut, vor allem für solche auf dem Gebiet der Holzvergütung, der Entwicklung von Holzwerkstoffen und des Holzschutzes. Die chemische Industrie, die ihren unerhörten Aufstieg planmäßiger, überaus großzügig dotierter Forschung zu danken hat, ist dabei, der Holzindustrie sehr wirksam das Wasser abzugraben. Gewiß ist es richtig, daß heute für Holz etwa 2000 Verwendungsarten nachgewiesen sind. Bei einem großen Teil dieser Verwendungsarten kann aber Holz heute vollwertig ersetzt werden. Die Erhaltung der Konkurrenzfähigkeit von Holz als Roh- und Werkstoff ist zweifellos im Interesse des Holzhandels, der Holzindustrie und des Holzgewerbes, in denen sehr große Anlagewerte investiert sind, nötig.

Die Bedeutung der Forst- und Holzwirtschaft im Rahmen der Gesamtwirtschaft wird nämlich in der Regel zu gering eingeschätzt. 1955 betrug der Wert des Rundholzeinschlages in der Bundesrepublik 2,3 Milliarden DM. Der Umsatz der den Rohstoff Holz aufnehmenden Industrien betrug in der Bundesrepublik im gleichen Jahr 10,3 Milliarden DM, das waren rund 9% des Umsatzes der gesamten Industrie. Der Wert der gesamten Getreideerzeugung betrug demgegenüber im gleichen Jahr 1,66 Milliarden DM, derjenige der gesamten Milcherzeugung 0,6 Milliarden DM, derjenige der gesamten Fangergebnisse der See- und Küstenfischerei 0,25 Milliarden DM und der Gesamtumsatz der gesamten Mühlen-, Fleischwaren- und Molkereiindustrien 6,4 Milliarden DM.

Die Erhaltung der Konkurrenzfähigkeit des Holzes als Roh- und Werkstoff ist aber zugleich von übergeordnetem landeskulturellem Interesse, weil ein Wald, der keine wirtschaftlichen Erträge mehr abwirft, von seinem Besitzer auch nicht mehr in einer Verfassung gehalten werden kann, die diesen Wald als Bewahrer der umgebenden Kulturlandschaft sichert. Wissenschaftliche Forschungsarbeit auf dem Gebiet der Forst- und Holzwirtschaft und Rationalisierung und Modernisierung der Betriebe ist deshalb eine Forderung, die keineswegs nur im Interesse eines bestimmten Gewerbezweiges, vielmehr im dringenden Interesse der Gesamtwirtschaft und der Landespflege um so entschlossener erhoben werden muß, je mehr unsere Wirtschaft auf Industrien gegründet ist und je mehr Menschen in den großen Ballungszentren zusammengedrängt wohnen müssen.

Wir sahen weiter oben, daß die Zuwachspotenz der Wälder der Erde heute durch Ernte aus planmäßiger Wirtschaft noch nicht annähernd ausgeschöpft wird. Die immer weiterschreitende Erschließung der Urwälder und ihre Umwandlung in nachhaltigen Wirtschaftswald sowie die großflächige Wiederbewaldung von Ödland sind ein wesentlicher Schritt auf dem Wege zum Ziel, auch die unterentwickelten Völker an einen ausreichend gedeckten Tisch zu bringen. Unmittelbar als Holzerzeuger und mittelbar als Träger von Wohlfahrtswirkungen sind und bleiben die Wälder der Erde also auf jeden Fall einer der kostbarsten Schätze der Menschheit, deren Pflege und Wiederherstellung kein Volk ungestraft vernachlässigen wird.

C. Waldverwüstung und Waldaufbau

I. Von den Wohlfahrtswirkungen des Waldes

Schon mehrfach klang auf unserem Weg bis hierher die Erkenntnis durch, daß die Wälder selbst dann noch von großer wirtschaftlicher und kultureller Bedeutung bleiben und selbst dann noch des Schutzes und der Betreuung wert wären, wenn das Holz als Roh- und Werkstoff zu verhältnismäßiger Bedeutungslosigkeit zurückfallen würde. Allzu eindrucksvoll sind die Beispiele, die auch dem sorglos nutzenden Menschen eine bestürzende Erkenntnis von den vernichtenden Folgen zügelloser Waldzerstörung einprägen. Vernichtend vermag die Natur zurückzuschlagen, wenn Axt und Feuer, Viehverbiß und raubender Hackbau das schützende Waldkleid großflächig hinwegreißen: Überschwemmung und sengende Dürre in jähem Wechsel, Abschwemmung und Erosion des Bodens, Verkarstung, Absenkung des Grundwassers in unerreichbare Tiefen oder schwere Versumpfung, einzeln oder vereint, bleibend oder wechselnd auftretend, können Folgen der Waldvernichtung sein. Blühende Kulturlandschaften veröden nach Vernichtung der Schutzwälder, kopfzahlreiche, geschäftige und satte Völker verelenden zu vom Hunger gepeinigten Bettlerresten oder werden zu erneuter Landnahme auf den Kriegspfad gezwungen.

In Sagen und Legenden, in uralten religiösen Tabus und Gesetzen fanden die früh vom Menschen gemachten Erfahrungen über die Folgen von Waldzerstörung ihren Niederschlag. Wälder, die Bergrücken und Quellen schützen und sichern, sind Sitz der Gottheit. Weh dem, der sie durch Schlagen von Bäumen beleidigt! In dem Maße, wie religiöse Bindungen sich lockern, verstärken sich zunächst immer die Übergriffe auf die Wälder. Oft genug blieb dann die Katastrophe unabwendbar, wenn nicht rechtzeitig neue, wirksame Rechtssetzungen, z. B. Forstordnungen starker Fürsten, der Waldabschwendung Einhalt gebieten konnten. Wer vermag heute noch beim Anblick der trockenen, nackten Felsen

Abb. 52. Als Folge sinnlosen Brennens sind noch heute viele 100000 ha mit verbrannten Baumleichen allenthalben in der Welt anzutreffen, und noch immer treten jedes Jahr weitere Tausende von ha dazu (Anden von Südchile)

Siziliens, Spaniens und Nordafrikas zu glauben, daß hier im Schutz der die Quellen und Wasserläufe gleichmäßig speisenden Wälder einst die Kornkammern des Römerreiches lagen? Wie bedrückend zu wissen, daß die wüsten Strecken zwischen dem heute aus kahlen, vor vielen Jahrhunderten aber dicht bewaldeten Bergen heraustretenden Euphrat und Tigris einst ein Land waren „wo Milch und Honig fließt"? Es gibt erschreckend viele solcher Beispiele, und wer einmal die Bücher von W. Vogt „Die Erde rächt sich" oder von Demoll „Ketten für Prometheus.

— Gegen die Natur oder mit ihr?" oder von E. Hornsmann „— sonst Untergang" studiert hat, der weiß um die auch heute wieder alarmierende Entwicklung der Bodenfruchtbarkeit in vielen dichtbesiedelten Gebieten hoher Zivilisationsstufe.

So eindeutig die vernichtenden Folgen von Waldmißhandlung und Waldzerstörung auch oft sein können, so verwickelt ist

Abb. 53. Nach Zerstörung des Waldes durch Exploitation folgte Brand auf großer Fläche, der auch die Humusauflage veraschte, so daß der Boden schutzlos der Erosion preisgegeben ist (Montana/USA)

andererseits das Beziehungsgefüge Wald und Landschaft. Es ist deshalb nicht erstaunlich, daß zwar immer weitere Kreise der Öffentlichkeit die an den Lebensnerv rührende Wichtigkeit des Komplexes wohl erkennen und beunruhigt sind, daß aber trotzdem recht unklare, z. T. sehr falsche Vorstellungen hierzu herrschen. So ist die oft vertretene Aussage „der Wald erhöht die Niederschläge und die Feuchtigkeit einer Landschaft" in dieser allgemeinen Formulierung keineswegs richtig. Wie jede Pflanzengesellschaft, so verbraucht auch der Wald zunächst einmal selbst Wasser und zwar sogar besonders viel. Deshalb wird ja auch das Kunstmittel der Aufforstung gar nicht allzu selten verwendet, um

92

versumpfte Landschaften zu sanieren, d. h. in diesem Fall, vom Wasserüberschuß zu befreien und damit begehbar, bebaubar und nutzbar zu machen. Bekannt geworden ist das Beispiel der Kultivierung der Pontinischen Sümpfe bei Rom durch planmäßige Aufforstung mit Eukalypten. Auch als man zwischen 1814 und 1840 die öden Moorflächen des Erzgebirges aufforstete, mußte zunächst der Wasserüberschuß durch tiefe Gräben abgeleitet werden. Mit dem Heranwachsen der aufgeforsteten Fichten-bestände war dann deren Pumpwirkung so groß, daß die Gräben zum größten Teil ganzjährig trocken lagen und verfielen.

Ist damit nun die Behauptung hinfällig, daß der „Wald der Vater der Quellen" sei? Ganz gewiß nicht, aber um die ver-wickelten Zusammenhänge zu begreifen, gilt es, sich eine Vor-stellung von der Wasserbilanz verschiedener Bewuchstypen zu schaffen. In Mitteldeutschland, unter der Bedingung von 700 mm Niederschlag je Jahr, werden diese Regenmengen bei einigen typischen Pflanzengesellschaften im Durchschnitt etwa wie folgt verteilt:

Tabelle 14. *Wasserhaushalt unterschiedlich bewachsener Flächen*

	% des anfallenden Niederschlages			
Pflanzenbestand	von der Krone auf-gefangen u. von hier aus wieder ver-dunstet	von der Bodenober-fläche vor Einsickern oder Abfluß verdunstet	durch die Wurzeln in den Kreis-lauf einge-führt	oberfläch-licher Ab-fluß und Sicker-wasser
Reinbestand von 60–80jähriger Fichte	30%	2%	57%	11%
Reinbestand von 40–50jähriger Birke	15%	7%	54%	24%
Wiese		73%		27%
Nackter, umgebrochener Boden	—	49%	—	51%

Eine mit Fichten bewachsene Landschaft von 1 km² kann unter diesen Bedingungen je Jahr nur 800 000 hl Wasser zur Verfügung einer umliegenden Landschaft, zur Versorgung von Mensch und Vieh, von Plantagen und Gewerbebetrieben, zur Auffüllung der Flüsse und Weiher abgeben. Aus einer 1 km² Landschaft aber, die zu 30% von Laubwald, zu 30% von Wiese und zu 40% von 6 Monate lang in Brache liegendem Ackerland eingenommen wird, stehen unter sonst gleichen Bedingungen etwa 2 180 000 hl frei zur Verfügung. In der Tat ist in Deutschland durch die bis etwa 1400 im wesentlichen abgeschlossene Waldrodung und Umsetzung eines großen Teiles der Urwaldflächen in bewirtschaftetes Ackerland, in Wiesen und Gärten, in Obst und Beerenanlagen das frei verfügliche Wasser in der Regel nicht vermindert, sondern vermehrt worden.

Die Bedeutung des Waldes für den geregelten Wasserhaushalt einer Kulturlandschaft ist trotzdem sehr groß. Nur liegt diese Bedeutung weder in einer durch den Wald bedingten Vermehrung der als Regen oder Schnee fallenden Niederschläge, noch in einer Erhöhung der Jahresabflußmengen. Der Wald ist aber der hochbedeutsame Ausgleicher der Extreme im Lokalklima und in der Wasserführung.

Waldbedeckung mildert die Temperaturextreme im Boden und über dem Boden und — in einer einigermaßen regelmäßig mit Wald durchstellten Fläche — meist auch in der Umgebung der Wälder. Die Dauer der Bodengefrornis ist i. a. unter Waldbewuchs kürzer als im Freiland, vor allen Dingen dann, wenn der Schnee im Wald noch auf offenen Boden fallen kann. Dadurch kommt ein höherer Anteil der Niederschläge zum Versickern und kann dann allmählich durch die Quellen wieder abgegeben werden. Sehr wichtig ist die Minderung der Windgeschwindigkeit im Wald und in einer mit Baumbeständen durchstellten Landschaft. Die direkten wohltätigen, physiologischen Wirkungen der Windbremsung auf Mensch, Tier und Kulturpflanzen sowie die Minderung der Verdunstung sind oft als Ertragserhöhung in der Kulturlandschaft meßbar. Von ganz entscheidender Bedeutung ist aber der durch ausreichenden Waldanteil, vor allem an Steilhängen, auf Kuppen und Rücken und allen leichten Böden erreichte Schutz gegen Wind- und Wassererosion. Dieser Schutz ist nicht nur Folge der Abbremsung des Windes und nicht nur Folge der Bodenfestigung durch die tiefgreifenden Wurzeln der Bäume. Es ist vor allem Folge des Ausgleichs im Wasserabfluß. Die Einsickerungsgeschwindigkeit unter gesundem Mischwald ist nach Schweizer Messungen in unserer Klimazone etwa 10mal so groß wie auf Acker und Kunstwiese: Durch diese „Schwammeigenschaft" gleicht der Wald ganz entscheidend die Wasser-

abflußextreme aus. Diese Fähigkeit ist um so bedeutsamer, je
unregelmäßiger die Niederschläge fallen, am wichtigsten also in
den Gebieten mit ausgeprägtem Wechsel von Trocken- und
Regenzeiten, wie in den Monsunregionen und in der Hartlaubregion. Aber selbst in unserem Klima verhält sich im bewaldeten

Abb. 54. Vor 60 Jahren stand hier noch Urwald; es folgte Schlagen und Brennen, Ackerbau bis zur Verarmung, Viehweide bis zur Zerstörung der Gras-
narbe, und zerstörte hier die Erosion die Fruchtbarkeit durch bis zu 30 m
tiefe Erosionsschluchten. Solche „Mondlandschaften" finden sich heute bereits
in 5 Provinzen von Südchile auf sehr großen Flächen

Gebiet das Minimum der jährlichen Quellschüttung zum Maxi-
mum wie etwa 1 zu 2 bis 1 zu 3, im zu 50% mit Wald durchstellten Gebiet etwa wie 1 zu 4 und in unbewaldeter Gegend etwa
wie 1 zu 8. Viel extremer sind diese Vergleichswerte aber in den
von Wald entblößten Flußgebieten Pakistans. Hier wurden Ver-
hältniszahlen von Minimal- zu Maximalabfluß von 1 zu 38 (Indus)
bis 1 zu 100 (Ravi) ermessen.

In solchem Fall steht und fällt die Fruchtbarkeit einer Landschaft und damit Wohl und Wehe ihrer Bewohner mit der Erhaltung der Wälder im Einzugsgebiet der Flüsse bzw. mit ihrer Wiederaufforstung. Während in der unbewaldeten Großlandschaft zur Regenzeit große Wassermassen rasch oberflächlich und damit nicht nutzbar abfließen, fruchtbares Land überschwemmen, tiefe Erosionsrinnen reißen, Wege und Dämme zerstören, nimmt

Abb. 55 Abb. 56

Abb. 55. Hier standen einst Wald und Gebüsch des Hartlaubtyps, heute überfällt der wehende Sand immer wieder den Panamerican Highway nördl. Los Vilos in Chile

Abb. 56. Auch das war Wald- und Buschland und könnte es wieder werden, wenn nicht Ziegen immer wieder jeden Ansatz zur Begrünung vernichten würden (Chile, nördl. La Ligue)

der Waldboden sehr große Teile des periodisch angebotenen Wasserüberflusses auf, speichert ihn im Boden und gibt ihn dann über die Quellen allmählich zur Zeit der Trockenheit an die Landschaft ab. Wenn also aus unbewaldeter Landschaft im Jahresablauf bei bestimmter Niederschlagsmenge mehr Wasser abfließt als unter gleichen Bedingungen aus Waldlandschaft, so stellt der Wald in der Trockenzeit der durstenden Feldlandschaft dann häufig doch mehr Wasser zur Verfügung. Die Versorgung in den Mangelzeiten ist aber für deren Gesamtertrag von entscheidender Bedeutung. Der rasch abfließende Überschuß kann erfahrungsgemäß auch nicht allein durch Aufbau von Staubecken nutzbar gemacht werden. Das aus unbewaldeter Landschaft heranbrausende

Wasser führt soviel Sediment und Geröll mit, daß Talsperren bald wieder zugeschüttet werden. In USA sind viele Millionen Dollar in solche verfehlten Anlagen verbaut worden, solange diese wichtige Erkenntnis noch nicht beachtet wurde. Stauanlagen können nur in Verbindung mit ausreichender Bewaldung der

Abb. 57. In den Revolutionsjahren nach 1945 wurde der Montane Regenwald dieser Berge westl. Malang/Ostjava geschlagen; trotz Terrassierung erodierte nach nur 2maliger Ackernutzung das entblößte Gelände zu Ödland

Quellgebiete und Wassereinzugsgebiete den Ausgleich der Wasserversorgung im Jahresablauf dauerhaft sichern.

Die oft diskutierte Frage, ob großflächige Entwaldung die als Regen oder Schnee fallende Niederschlagsmenge in ihrer Höhe oder jahreszeitlichen Verteilung verändern kann, ist nicht zuverlässig zu beantworten. Es liegen hierfür noch keine eindeutigen Beweise vor. Wohl aber kann der Wald dadurch zu einer nachweisbaren Erhöhung der aus der Atmosphäre ausgefällten Feuchtigkeit führen, daß aus der im Wald bei uns im Durchschnitt gegenüber dem Freiland um etwa 6% relativ feuchteren Luft durch Zweige und Blätter Feuchtigkeit aus der Atmosphäre ausgekämmt wird. Dieser Tauniederschlag kann in unseren Wäldern immerhin die als Regen oder Schnee fallende Niederschlagsmenge um bis zu 20% erhöhen.

Darüber hinaus ist der Wald ein hochwirksamer Luftreiniger, eine Wohlfahrtswirkung, die heute nicht leicht überschätzt werden kann. Im Gebirge ist er vor allen Kunstbauten oder in Verbindung mit solchen der beste Lawinen- und Wildwasserschutz. Schließlich ist er Reservat für viele Tiere, die der Ackerlandschaft das biologische Gleichgewicht zu bewahren helfen, und — nicht zuletzt — ist er der große körperliche und seelische Gesundbrunnen für die der Entkrampfung so dringend bedürftigen Menschen unserer hochtechnisierten Gesellschaft. Es ist deshalb nicht erstaunlich, daß sich gerade nach dem 2. Weltkrieg unter der Drohung der Atombomben der Gedanke des Waldschutzes und des Waldaufbaues weltweit so mächtig durchzusetzen beginnt wie nie zuvor.

II. Wiederherstellung von Wald durch Ödlandaufforstung in allen Zonen der Erde

Der Gang des Menschen und seiner Kulturen über die Erde ist begleitet von Waldzerstörung. Solange der Mensch sich damit begnügt, nur die Teile des Naturwaldes zu roden, die er durch gepflegte Kulturen zu ersetzen vermag, solange angemessene Waldteile an durch Erosion bedrohten Steilhängen, in hohen Gebirgslagen, in den Quellgebieten der Flüsse und in den durch Verwehung oder Versumpfung bedrohten Geländeabschnitten erhalten bleiben — sei es, weil der Mensch den Wald an solchen Stellen als Heimat der Götter und Dämonen „tabu" ansieht, sei es, daß er ihn durch nüchterne, verständige Gesetze erhält und schützt — solange, aber nur solange ist die Eroberung und Verdrängung des Waldes eine Kulturleistung von bleibendem Wert. So sind Java mit heute nur noch 18%, Deutschland und Frankreich mit 28% bzw. 21% Bewaldung dichtbesiedelte, ausgewogene Kulturlandschaften, die auf $^2/_3$ ihrer Fläche aus Urwald in ständig sorgfältig gepflegte, gedüngte und bewachsene Gärten, Plantagen, Fruchtbaumanlagen, Weinberge, Roggen-, Weizen- und Reisfelder umgestaltet wurden. Hier ist der Kampf gegen den Wald und der Sieg über ihn mit einem für Sieger und Besiegte billigen und segensreichen Frieden abgeschlossen worden, den der Mensch als Sieger durch Aufwertung der abgetretenen Fläche und Achtung des beim Wald verbliebenen Anteiles krönte. Sehr viel häufiger aber endete der Kampf gegen den Wald mit dessen völliger Vernichtung, weil der Sieger zu träge oder unfähig ist, die eroberten Flächen zu Fruchtlandschaften nachhaltiger Ergiebigkeit zu gestalten. Nach Erschöpfung der noch vom Wald geschaffenen Fruchtbarkeit der zuerst eroberten Flächen verläßt der Mensch diese als der Erosion ausgesetztes Ödland, greift dann weiter in den Wald ein, bis schließlich der letzte Rest vernichtet ist. So entstanden die heute menschenarmen Ödzonen oder Elendsbevölkerungen in Gebieten, die einst „Kornkammern der Menschheit" waren: Sizilien, Spanien, Nordafrika sind die uns geläufigsten Beispiele. Mit Verschwinden der letzten Wälder verschwand der gleichmäßige Fluß der Quellen, begannen Erosion, Verkarstung, Sandverwehung, Wechsel von Überschwemmung und Trockenheit, und damit Abwanderung oder Verelendung der Bevölkerung.

Es ist nicht möglich, eine zuverlässige Zahl zu nennen für die Landfläche, die nach Zerstörung ihres Waldkleides und nach folgender, erschöpfender Ackernutzung heute auf der Erde als unfruchtbares Ödland vorliegt. Noch gehen die Meinungen der Forscher manchenorts auseinander, wenn es gilt Steppen oder Wüsten als „naturbedingt" oder „anthropogen" zu deuten. Die mir am besten scheinende Schätzung für die heute auf der Erde nach Wald vorliegende Ödlandfläche liegt bei 450 Mio ha. Diese Fläche ist mehr als doppelt so groß wie diejenige der Waldfläche, die heute außerhalb der UdSSR als Wald überhaupt in Bewirtschaftung steht.

Diese gewaltige Fläche hat sich bis in die jüngste Zeit jährlich um mehrere 10000 ha vergrößert. Die Wiederherstellung von Wald auf einem möglichst großen Anteil dieser wüsten Fläche stellt zur Zeit sicherlich das wichtigste Problem der Bodenkultur der Erde dar. Nicht so sehr das dadurch erwirkte „Mehr" an Holzzuwachs und die zu erwartenden mittelbaren Folgen für die Erweiterung des Nahrungsraumes der Menschheit machen ihre Aufforstung so bedeutsam. Als Folge ihrer anthropogenen Entstehung liegen diese Ödflächen meist verkehrsgünstig zu Siedlungs- und Verbrauchszentren der Menschheit. Gewiß werden gerade deshalb durch Aufforstung auch Holzquellen von beachtlicher Wertigkeit und leichter Nutzbarkeit neu geschaffen werden.

Von noch größerer Bedeutung ist aber die Wirkung der Wiederherstellung von Wald in derartigen verelendeten Landschaften auf deren gesamtes bodenwirtschaftliches, gesellschaftliches und kulturelles Gefüge. Warum sollte es auch nicht möglich sein, Sizilien und Nordafrika wieder zu Kornkammern, Mesopotamien zu einem „Land, wo Milch und Honig fließt", Iran und Turan zu wohlhabenden Kulturlandschaften zu entwickeln? Aufforstung ist gewiß nicht die einzige, wohl aber eine unerläßliche Voraussetzung für Aufwärtsentwicklung solcher Gebiete. Überall dort, wo man nur dem Fruchtgenuß der gerade lebenden Generation ohne Rücksicht auf die Folgen für kommende Geschlechter nachjagte oder noch nachjagt, da wurde oder wird der Wald geopfert. So geschah es nach Zusammenbruch der Großreiche Vorderasiens, in der spätrömischen Kaiserzeit, nach Vernichtung der venezianischen Macht in Dalmatien durch die Türken und in der amerikanischen Pionierzeit, so geschieht es auch heute noch, wo dank der Medizin des weißen Mannes allzu volkreich gewordene farbige Volksstämme ihren althergebrachten Brand-Hackbau in zu kurzem Turnus umlaufen lassen müssen.

Nach 5000 Jahren Waldzerstörung ist nun erstmalig seit etwa 1750 eine von Frankreich und Deutschland ausgehende, wirksame Gegenbewegung durch Aufforstung in Gang gekommen. Frankreich gewann sich durch Aufforstung auf mehr als 2 Mio ha in der Gascogne, Champagne, Normandie und Bretagne und später in Sologne, Cevennen, Seealpen und Pyrenäen blühende Provinzen. In Deutschland wurden zwischen 1800 und 1900 die ausgemagerten Acker- und Ödflächen aus zu weit getriebener Rodung, aus Holzraubbau und übersetzter Waldweide fast vollständig durch Aufforstung dem Wald zurückgegeben. Allein in den östlichen Provinzen Preußens erreichte diese Aufforstungstätigkeit, besonders in Kassubei und Tucheler Heide etwa 1200000 ha. Nach 1864 hat dann Dänemark 150000 ha der jütländischen Heide aufgeforstet und damit gleichzeitig weitere 650000 ha dieser Heide in durch diese Aufforstung geschütztes Ackerland umgewandelt. Seit Ende des Ersten Weltkrieges haben die Niederlande und Großbritannien auf großer Fläche erfolgreich Ödland bewaldet. Seit Abschluß der Revolution sind in der UdSSR sehr bedeutende Aufforstungsvorhaben vollzogen worden und noch größere sind im Gang. 1937—1947 wurden hier 1 167 400 ha Ödland bewaldet. Mit Wirksamwerden des großen, auf 15 Jahre Laufzeit angesetzten „Generalplanes zur Dürrebekämpfung" beträgt die Aufforstungsfläche aber je Jahr sogar 875 000 ha. Nach dem Zweiten Weltkrieg steht mit der Leistung an Ödlandaufforstung wieder Frankreich an der Spitze; hier wurden bereits bis 1951 erneut 250 000 ha Ödland aufgeforstet. Frankreich wird dicht gefolgt von Großbritannien, wo das Aufforstungssoll 1946—1956 mit 440 000 ha angesetzt war. Bedeutende Aufforstungsleistungen wurden ferner in den letzten Jahrzehnten in Portugal, Nordspanien und unter schwierigsten Bedingungen in Sizilien vollbracht. In China wird im Gebiet Hopai seit 1950 von 100 000 Chinesen in Familienverband an der Bewaldung von Sandödland gearbeitet und in Honan sollen sogar 250 000 Menschen bei der Anlage von Schutzwald und Dammbepflanzung eingesetzt sein. Eine großartige Aktivität zur Wiederherstellung von Wald ist auch in Chile, Südafrika, Australien und Neuseeland erwacht. Angesichts solcher durch die FAO sehr geförderten weltweiten Bewegung ist der Hinweis schmerzlich, daß es bisher nicht möglich war, die heute nur noch rund 250 000 ha umfassenden bewaldungsfähigen Ödlandflächen der Bundesrepublik in nennenswertem Ausmaß durch Aufforstung zu verringern. Es wurde bisher noch kein wirksamer Weg zur Finanzierung eines solchen Vorhabens gefunden.

Über die Bedeutung des Waldes für den Wasserhaushalt einer Landschaft kann man zum konkreten Fall in der Regel erst aus dem Ergebnis einer Spezialuntersuchung Zuverlässiges aussagen. Die Wirkung des Waldes auf den Wasserhaushalt der Landschaft ist nämlich nach Boden und Klima, nach Hangneigung und Bodenbewuchs, nach Baumartenmischung und Bestandesalter recht verschieden. Doch gibt es, wie wir bereits weiter oben sahen, auch einige Wirkungen von allgemeiner Gültigkeit. So ist der Wald selbst in jedem Fall ein starker Wasserverbraucher, und die tieferen Bodenzonen, etwa von 20 cm an, sind deshalb im allgemeinen im Durchschnitt des Jahresablaufes unter Wald trockener als unter unbewachsener Fläche. Infolge verstärkter jahreszeitlicher Schwankung von Feuchtigkeit und Temperatur kann es gleichwohl geschehen, daß gerade nach Trockenzeiten die tieferen

Bodenzonen waldfreier Flächen mitunter trockener sind als unter Wald. Die obere Bodenzone ist infolge Beschattung und Windschutz unter Wald immer feuchter, und das Einsickerungsvermögen ist hier immer relativ größer als ceteris paribus im Freiland. Deshalb ist dann wieder der Oberflächenabfluß im Freiland größer und rascher als unter Wald. Schließlich ist auch die Dauer und Tiefe der winterlichen Bodengefrornis unter Wald geringer als im Freiland. Das alles hat die wichtige Folge, daß zwar der gesamte Wasserabfluß im Jahresablauf aus waldfreiem Gelände größer sein kann als aus Wald, daß aber andererseits die Wasserabgabe aus Quellen der Waldregion in der Regel wesentlich gleichmäßiger ist als diejenige aus waldfreier Landschaft.

Hieraus resultiert der in jedem Fall hohe Wirkungsgrad einer Aufforstung in bisher waldkahler Landschaft auf die bewaldete Fläche selbst und die umgebende Landschaft. Durch Baumartenwahl und Dosierung der Bestockungsdichte kann der kundige Forstmann solche Wirkungen in bestimmter Richtung noch verstärken oder abschwächen; und heute gibt es kein Kulturvolk mehr, das nicht die Gestaltung des Waldes planmäßig in den Dienst der Raumordnung und Landschaftspflege stellt.

Wenn man vor der Aufgabe steht, auf Ödland wieder Wald aufzubauen, so ist hierfür zunächst nur eine Auswahl aus denjenigen örtlich standorttauglichen Baumarten möglich, die den spezifischen Sonderanforderungen des Freilandklimas gewachsen sind, die also weitgehend unempfindlich sind gegen Wechsel von grobem Frost und hitziger Sonnenbestrahlung, gegen stetige und starke Bewindung und gegen Wechsel von Wasserüberschuß und Wassermangel. Solche Baumarten nennen wir „Pionierbaumarten", weil sie in und über dem Boden den eigentlichen Waldbäumen die Siedlungsmöglichkeit überhaupt erst bereiten, Waldbäumen, die dann die Pioniere überflüssig machen, sie überwachsen und — höchst undankbar für geleistete Dienste — verdrängen.

Von einigen der wichtigsten und interessantesten dieser anspruchslosen und harten, rasch ausgreifend erobernden und dann aus der gereiften Waldordnung verschwindenden Pioniere in den unterschiedlichen Wuchsgebieten der Erde soll nun berichtet werden.

Die in allen Gebieten der gemäßigten und borealen Waldregion verbreiteten Pioniere auf frischen Schlägen und Brandflächen und altem Ödland, auf verlassenem Acker und aufgegebener Weide, auf ruhiggelegten Halden, Steinbrüchen und Sandgruben, auf verlandenden Uferstreifen und drainierten Mooren sind die Familien der *Birken, Erlen und Aspen.* Betula pendula und pubescens (Sand- und Moorbirke) sind die Birken Europas. Wir finden sie erobernd und kampfhart auf allen vom Wald entblößten Flächen von der polaren Baumgrenze bis zum Rhodope-Gebirge, Apennin, Ostpyrenäen und Nordportugal. Weit stoßen diese beiden Birken noch über den Ural nach Sibirien hinein. Im geschlossenen, ausgereiften Wald dieses weiten Gebietes spielen sie immer nur eine bescheidene Rolle und werden in der Regel schließlich ganz verdrängt. Wenn aber solcher Klimaxwald durch die Elemente oder den Menschen vernichtet wird, dann sind die Birken vor allen anderen Pionieren wieder zur Stelle, besiedeln, von Frost und Hitze ungerührt und vom Sturm zerpeitscht, unaufhaltsam die kahle Fläche, bereiten den Waldboden und lassen in ihrem milden Schutz und Schirm die empfindlicheren Baumarten folgen, die Fichten und Tannen, die Eichen und die Buchen. Dann treten sie mit Erstarken der langlebigen Baumarten nach erfüllter Aufgabe still wieder ab. Im Gebirge Europas, bei uns etwa von 600 m aufwärts, wird die Birke als Pionier durch die *Eberesche*, auf anmoorigen Standorten oft durch die Schwarzerle, in den Uferzonen reißender Wildbäche des Hochgebirges durch die Grünerle, auf Karstödland durch die Weißerle vollwirksam vertreten.

Die Aspe oder Zitterpappel, ein Pionier von ähnlich weiter Verbreitung wie unsere Birken, übernimmt oft mit diesen zusammen, in Skandinavien und im Baltikum mitunter auch allein, die Erstbesiedlung der vom Wald entblößten Flächen. In Nordamerika sind wiederum Birken (Betula lutea und papyrifera) und Pappeln (Populus tremuloides und tacamahaca) die auf riesigem Verbreitungsgebiet immer bereiten Pioniere auf zerstörten Waldflächen. Populus tremuloides ist sogar die Baumart mit dem größten Verbreitungsgebiet einer amerikanischen Baumart überhaupt. Wir finden sie von Alaska bis Neufundland, von Neumexiko bis zur arktischen Baumgrenze allein oder zusammen mit anderen Pionieren bei Eroberung der Kahlflächen. Die auch bei uns seit mehr als 200 Jahren bekannte *Robinie* ist ein typischer Pionier in den Oststaaten der USA auf nach Verzehr der natürlichen Bodenfruchtbarkeit verlassenen Farmländereien. Sie gehört zu den wenigen Baumarten, die ihr Areal dank menschlicher Mißwirtschaft wesentlich erweitern konnten. In Sibirien treten neben unseren europäischen Birken und unserer Aspe einige andere Birken auf: Betula platyphylla und B. dahurica und die harte Erle Alnus hirsuta.

In Ostsibirien sind aber Vertreter des wetterharten und lichthungrigen Geschlechtes der *Lärchen* als Eroberer kahl gewordener Flächen noch bedeutender für Wald und Waldneubildung als Birken, Aspen und Erlen. In Jakutien herrscht Larix gmelini auf vielen Mio ha auf dem Grund der „ewigen Bodengefrornis" und in Westsibirien Larix sibirica. Ihnen entsprechen in Nordamerika Larix laricina, die Tamarack-Lärche, und Larix alaskensis, die beide noch in die vegetationsfeindlichen Kältesümpfe vorzustoßen vermögen. Larix leptolepis, die Lärche der japanischen Insel Hondo, spielt eine immer wichtiger werdende Rolle bei der Aufforstung der Heidegeest von Nordwesteuropa. Ihr rasches Jugendwachstum auch auf armem Sand bewirkt bald eine locker deckende Beschirmung der Ödflächen und ermöglicht damit nunmehr auch das Anwachsen der dem Freilandklima nicht gewachsenen Baumarten wie Tanne und Douglasie, Eiche und Buche. Die in Europa heimische Lärche (L. decidua) ist ein Pionier der Kahlflächen im Gebirge.

Im Geschlecht der *Kiefern* finden wir eine große Zahl harter, zur Eroberung von Freiland in sehr unterschiedlichen Klimazonen befähigter Gesellen. Unsere Pinus sylvestris beweist schon durch ihr großes natürliches Verbreitungsgebiet von der Elbe bis zum Amur, von Triest bis zur polaren Waldgrenze, daß sie sehr unterschiedlichen klimatischen Bedingungen gewachsen ist. In Nordamerika sind auf den verwüsteten Flächen des Ostens Pinus banksiana und P. resinosa, im Westen auf den trockenen Brandflächen des Felsengebirges Pinus contorta und im Süden auf den verlassenen Baumwolländereien Pinus palustris, P. echinata und P. taeda die am häufigsten anzutreffenden, hochwillkommenen Pioniere. Auf den glühend heißen, ausgedörrten, nackten Karstfelsen der Mittelmeerländer sind es auch Pinus-Arten, die dem Wald den Weg bereiten: Die Schwarzkiefer (Pinus nigra) im Norden und Pinus halepensis und P. brutia im Süden sind hier als Pioniere seit langem bekannt und bewährt. Im nicht verkarsteten Gelände der Zone des Lauretums und der Subtropen hat aber seit wenigen Jahrzehnten eine in ihrer kalifornischen Heimat als bescheidener, unansehnlicher Siedler auf armen, dürren Sandschollen kaum beachtete Kiefer, Pinus radiata, die Rolle des bevorzugten Pioniers für Freilandbewaldung übernommen, weil diese Pinus-Art, in erstaunlichem Tempo aufwachsend, in kurzer Frist vollwertiges Faserholz liefert. In Chile, Südafrika, Australien und Neuseeland, in Portugal, Spanien und Sizilien sind seither zusammen bereits viele 100 000 ha kahler Flächen mit dieser Wunderkiefer bepflanzt worden, die hier in 3 Jahrzehnten im Durchschnitt ebensoviel Holz erzeugt wie bei uns die heimische Kiefer in 10—12 Jahrzehnten. Neben Pinus radiata hat man in jüngster Zeit mexikanische Kiefern (Pinus patula und montezumae) und die Kiefer aus den Ufer-

Abb. 58. Dieser Bestand von Pinus radiata bei Lota (Südchile) mit Scheitelhöhen bis zu 45 m und Durchmessern bis zu 90 cm wurde vor 50 Jahren auf solchem Ödland gepflanzt, wie es Abb. 18 zeigt

staaten der Karibischen See (Pinus caribaea) und die ausschlagfähige Kiefer Pinus canariensis bei Kahlflächenbewaldung im Lauretum mit gutem Erfolg erprobt, doch hält Pinus radiata noch immer die Spitzenleistung unter den Kiefern dieser Region. Selbst in den Tropen gibt es einige Kiefern, die unter diesen Klimabedingungen zur Rückeroberung von Ödland für den Wald befähigt sind. Pinus merkusii, deren Heimat Nordsumatra, das unzugängliche Land der freiheitsstolzen Atjeh ist, hat man in Insulinde von der Küstenebene bis zu 1700 m über NN mit Erfolg zur Aufforstung der nach Waldvernichtung entstandenen Alang-Alang-Steppen verwendet. Die Ertragsleistung reicht in die Nähe derjenigen von Pinus radiata als Pionier in der Agrumenzone.

Aber selbst die Leistung dieser Wunderkiefern verblaßt vor der Wuchspotenz der *Eukalypten*. Zu den Eukalypten gehören die höchsten und raschwüchsigsten Bäume dieser Erde. Sie sind die einzigen raschwüchsigen Bäume mit schwerem, hartem und dichtem Holz und können deshalb die höchste Trockensubstanzproduktion in der Zeiteinheit aufbauen. Nicht genug damit: Das Vorliegen von etwa 600 morphologisch, physiologisch und ökologisch erheblich unterschiedlichen Arten und Standortrassen gibt für sehr wechselnde Bedingungen die Möglichkeit, eine entsprechende Eukalypte zu finden. Was Wunder, daß diese Familie, seit sie vor mehr als 150 Jahren aus ihrer australischen Heimat aufbrach, einen noch heute fortschreitenden Siegeszug um den Erdball angetreten hat. 1804 kam der erste Eukalyptussamen an den Botanischen Garten in Paris. 1823 fand der erste Anbau in Chile, 1828 im Kapland, 1843 in Vorderindien, 1857 in Argentinien statt. 1860 finden wir die ersten Eukalypten auf der Iberischen Halbinsel, 1865 in Algier. Heute spielen die Eukalypten in allen diesen Ländern ebenso wie in Italien, Mexiko, Neumexiko, Südbrasilien, Ägypten, Aethiopien, Uruguay und Texas eine überragende Rolle bei der Wiederherstellung von Wald und bei Anlage von Baumplantagen. Überall dort, wo Apfelsinen und Zitronen im Freien gedeihen, bietet Anbau von Eukalypten gute Erfolgsaussichten. In Gebieten mit milden, regenreichen Wintern, deren Minimumtemperaturen nicht unter $-5°$ sinken, und mit mittleren Vegetationszeittemperaturen von $15-23°C$ kann die Substanzerzeugung von Eukalyptusplantagen in der Zeiteinheit größer sein als die irgendeines anderen natürlichen oder künstlichen Pflanzenverbandes. Die Spitzenleistung einer Plantage von Eukalyptus saligna in Brasilien lag bei 38,5 t Zuwachs an Trockensubstanz je Jahr und ha. Das ist mehr als das Doppelte der Spitzenleistung von Pinus radiata (16,5 t) und mehr als 12mal soviel, wie im Durchschnitt aus der besten Kieferneitragsklasse in Deutschland erwartet werden kann (3,1 t). So ist es nicht erstaunlich, daß in Sonderfällen, wie z. B. in der Sierra von Peru, der Anbau der Eukalypten auf kahlem Ödland so gewinnbringend sein kann, daß die Nettogelderträge noch über dem aus Getreideanbau auf

den besten Böden liegen. Der als Folge der gewaltigen Zuwachsleistung hohe Bedarf an Nährstoffen kann aber bei wiederholtem Anbau zu völliger Bodenverarmung führen. Eine hohe Dauerleistung
verlangt intensive Kultur, Bodenarbeit, Düngung und Schädlingsbekämpfung.

Eine recht wichtige Rolle als Pionier in Trockengebieten der Subtropen und der Hartlaubregion spielen die *Akazien*. Das ist nicht erstaunlich, denn viele sind von Haus aus Charakterpflanzen der Dornbuschsteppen in Australien, Afrika und Südamerika. In Argentinien und Chile werden einige 100000 ha von Espino (Acacia cavenia), einem träg-wüchsigen, ungemein zähen Busch mit kleinen Fliederblättchen beherrscht, der über einem starken, tiefgreifenden Wurzelstock oft nur einen kniehohen Strauch

Abb. 59. Dieser Bestand von Acacia auriculac-
formis ist erst 2 Jahre alt und wurde auf Ödland
in Westjava aufgeforstet

trägt. Wenn nach Überweidung die „Dornbuschsavanne" oder
ehemalige Hartlaubgehölze zur „man made desert", zur vom
Menschen gemachten Wüste, zu werden drohen, ist oft Espino der
letzte Halt für die verwüsteten Böden. Acacia tortilis spielt eine
ähnliche Pionierrolle im Sudan, wo sie sich noch mit weniger
als 200 mm Jahresniederschlag abfindet und sehr heiße, völlig
trockene Sommer erträgt. Nur auf versalzten Böden gedeiht sie
nicht. Acacia farnesiana aus dem tropischen Amerika und die

undurchdringliche Dornhecken bildende Acacia capensis bilden in Trockenregionen dichte Zäune. Besonders im Nahen Osten wird dann Acacia cyanophylla aus Westaustralien mit Erfolg zur Festlegung von Dünen verwendet. Acacia auriculaeformis ist ein nie versagender Pionier auf durch Shiftingkultur verarmten Ödflächen in der tropischen Regenwaldregion. In den Berglagen der Monsunregion hat sich Acacia decurrens nicht nur als Pionier bewährt; diese Akazie ist hier gleichzeitig als Gerbstofflieferant von großer wirtschaftlicher Bedeutung. Im 10jährigen Umtrieb bewirtschaftet, fallen aus solchen Plantagen in Ostjava im Durchschnitt je Jahr und ha 15 m³ Kohlholz und 0,4 t reiner Gerbstoff an. Acacia melanoxylon endlich, in Australien auf ausreichend beregneten, fruchtbaren Böden vorkommend, hat bei Aufforstung von Ödland in der Region des Temperierten Regenwaldes von Chile Bestände von nach Volumen und technischer Wertigkeit vorzüglichem Holzertrag entwickelt.

Ein Baum, der sich in den Teilen der gemäßigten Zone als Ödlandpionier vorzüglich bewährt hat, wo keine anhaltenden tiefen Winterfröste vorkommen, ist *Ailanthus altissima*, der Götterbaum aus Korea. In Jugoslawien und neuerdings auch im Burgenland sind große Flächen armer erodierter Hänge mit diesem raschwüchsigen, nach Abhieb ausschlagfähigen Baum erfolgreich aufgeforstet worden. Sein Holz zeichnet sich durch einen besonders hohen Anteil von Zellulose aus.

Die bizarren *Casuarinen*, besonders Casuarina equisetifolia, haben dank ihrer Fähigkeit, noch bei 300 mm Winterniederschlag auf Sanddünen der Küstenländer der heißen Region an- und aufwachsen zu können, Heimatrecht als Aufforstungsbaumart im ganzen Tropen- und Subtropengürtel erworben.

Sehr harte Pioniere sind auch die *Pistazien*, unter denen Pistacia atlantica besonders wichtig ist, weil diese zu einem 20 m hohen Baum erwachsen kann. Noch bei 150 mm Jahresniederschlag und bis in Höhenlagen von 2000 m kann sie — mit Ausnahme von Sand — auf allen Böden der Subtropen angebaut werden. Noch härter gegen Trockenheit ist *Tamarix articulata*, die auf allen Bodenarten noch in Steppen und Halbwüsten bei Niederschlag von nur 100 mm je Jahr aushalten kann. Für Festlegung von Dünen und Erosionsflächen und als Windschutzstreifen wird sie in schwierigsten Fällen verwendet.

Wiederum in der Region der Hartlaubgewächse gewinnen die *Cupressus*-Arten dank ihrer Trockenresistenz und des wertvollen Holzes in zunehmendem Maß an Bedeutung bei Wiederherstellung von Wald auf den in dieser Region besonders umfangreichen Ödflächen. Cupressus arizonica, lusitanica und atlantica sind gegen Trockenheit am widerstandsfähigsten. Sie sind bei 250—300 mm Jahresniederschlag vorzüglich geeignet. Die bekannte italienische Zypresse (Cupressus sempervirens) verlangt etwas mehr, etwa 300—400 mm Niederschlag, ist aber dann auch bis zu 2000 m über NN sowohl in der bekannten Pyramidenform als auch in der breitkronigen Form ein vorzüglicher Pionier. Die kalifornische Zypresse (Cupressus macrocarpa) verlangt für gutes Gedeihen mindestens 500 mm Jahresniederschlag, hält aber dann auch mehrmonatige Trockenheit ohne Schaden aus. Die holzwirtschaftlich wertvollste, für Ödlandbewaldung verwendbare Zypresse der Region ist Cupressus torulosa aus dem Himalaja. Sie verlangt mindestens die gleichen Niederschläge wie Cupressus macrocarpa und mindestens mittelreichen Boden. Dann aber baut sie wundervolle gradschaftige und vollformige Schäfte aus hochwertigem Tischlerholz auf.

In den Hochlagen des Hartlaubgürtels sind schließlich *Zedern* und zwar die Libanonzeder und besonders die verhältnismäßig frostharte Atlaszeder bei wenigstens 500 mm Jahresniederschlag für Bewaldung kahler Ödlandflächen mit Erfolg verwendet worden. Die Zedern gedeihen hier in der Regel gut aus Freisaat auf kahlem Boden und können Scheitelhöhen bis 30 bzw. 40 m erreichen.

Dieser knappe Überblick möge genügen als Beleg für die Feststellung, daß unsere Kenntnisse über die ökologischen Bedingungen und Eigenarten der Baumarten aller Zonen bereits ausreichend sind, um bei dem planmäßigen Aufbau von Wald auf solchen Ödländern, deren Makroklima überhaupt Baumwuchs erlaubt, keinen Fehlgriff bei Auswahl der Spezies zu tun. Die ökologisch fundierte Baumartenwahl ist aber absolut entscheidend für den Erfolg von Aufforstungsbemühungen. In der Tat sind auch im Jahrzehnt seit Ende des Zweiten Weltkrieges, wesentlich gefördert durch die beratende Arbeit der Forstabteilung der FAO in Rom, in verschiedenen Teilen der Welt großzügige und erfolgreiche Ödlandbewaldungen durchgeführt worden. Die Technik

der Bodenvorbereitung, von Saat und Pflanzung, der Pflanzen-
erziehung und des Pflanzentransportes machen allerorts erfreuliche
Fortschritte; mißglückte Ödlandkulturen werden immer seltener.

Häufig wird auch schon die Tatsache berücksichtigt, daß für
solche Pioniere, die an ihren Wurzeln nicht mit stickstoffsam-
melnden Bakterien (Robinien, Akazien) oder mit Aktinomyzeten
(Erlen, Casuarinen) ausgerüstet sind, geeignete Mykorrhiza-Pilze
im Boden gefördert werden müssen.

In solchen Böden, die jemals mit Wald bestockt gewesen sind,
finden sich fast immer günstige Mykorrhiza-Pilze; sie haben allerdings meist ihre Aktivität verloren, da sie empfindlich sind gegen
die großen Schwankungen von Temperatur und Feuchtigkeit,
welche in ungeschützten Böden herrschen. Wachstum und Aktivität dieser Pilze können dadurch gefördert werden, daß man eine
junge Pflanzung mulchiert, d. h. den Boden mit organischem
Material bedeckt, um damit Temperatur- und Wasserhaushalt des
Bodens auszugleichen. Überdies sollte man nur kräftige Pflanzen
setzen, deren Wurzeln nicht schon mit schädlichen Pilzen in-
fiziert sind, und deren Konsistenz es erlaubt, gut zu assimilieren,
so daß die Mykorrhiza-Pilze in den Wurzeln ihrer Wirte Kohlen-
hydrate vorfinden — eine Voraussetzung für das Zustande-
kommen eines wohlausgewogenen Gleichgewichtes zwischen den
Symbiose-Partnern.

Bei Aufforstung von Steppen- und Weideböden, die nie bewaldet waren, werden geeignete Pilze künstlich eingebracht:
entweder dadurch, daß den Pflänzlingen schon auf dem Saatbeet
der Pilz mitgegeben wird durch Überwachsen des Pilzes von den
Wurzeln dazwischengepflanzter 3—4jähriger Bäume der gleichen
Gattung aus gesunden Beständen (z. B. bei Pinus merkusii in
Indonesien) oder durch Beigabe von Waldhumus, von Pilzteilen
oder von steril erzogenem Myzel (z. B. bei den Eichensaaten in
den Waldstreifen der russischen Steppe).

Noch nicht überall hat man aber erkannt, daß mit einer erfolg-
reichen Erstkultur die Wiederherstellung von Wald auf Ödland
in der Regel noch nicht vollendet ist. Erst wenn der „Vorwald“ zum reicheren Typ des stabilen und krisenfesteren „Dauer-
waldes“ umgesetzt ist, kann der Waldaufbau als vollendet gelten.
Wenn aber der mühsam genug auf der kahlen Ödfläche errichtete

Vorwald bereits wieder durch Kahlschlag genutzt wird, bevor in seinem Schutz empfindlichere und anspruchsvollere, aber in der Regel auch leistungsfähigere Baumarten Fuß fassen konnten, vermag nur wieder ein Bestand von Vorwaldcharakter zu folgen. Es unterbleibt dann ein volles Ausreifen des Waldbodens; gegen Freilage empfindliche Schattbaumarten mit dem meist höheren Vermögen zu langanhaltender Hochleistung können nicht eingefügt werden. Damit wird dann aber die Krönung der mühsamen Aufforstungsarbeit verschenkt: Der auch in seinen Schutzfunktionen vollwertige und krisenfeste Wald kann nicht heranreifen. Bestenfalls entstehen so Holzplantagen, schwerlich aber biologisch ausgewogene, den Landschaftsschutz tragende Wälder.

III. Leitlinien einer überregionalen Forst- und Holzwirtschaftspolitik

Wenngleich ein Wissen um die Bedeutung des Waldes als Träger von Wohlfahrtswirkungen für eine Kulturlandschaft bereits alt ist, haben erst Katastrophen jüngerer Zeit, vor allem Wind- und Wassererosion in den USA und der UdSSR, Mangel an fruchtbarem Land infolge der im Umlauf beschleunigten Shiftingkultur in den Tropen und vor allem Engpässe der Brauchwasserversorgung in dichtbesiedelten Industrieländern weltweit eine breite Bewegung zum Waldschutz ausgelöst. Die Ergebnisse der Weltkongresse seit 1945 und die Arbeit der FAO zeigen immer deutlicher, daß die Schutzfunktion der Wälder im Zweifels- bzw. Konkurrenzfall noch vorrangig vor deren Produktionsfunktionen zu bewerten ist.

Die dank der Fortschritte der Medizin auch in den Tropen rasch vorangeschrittene Zunahme der Bevölkerung erlaubt es immer weniger, mit der Unbekümmertheit der kolonialen Landnahmezeit Gebiete nur auszubeuten, aus Urwäldern über Roden und Brennen, mit folgendem extensiven Ackerbau und mit Vieh zu stark besetzter Weide Wüsten zu machen, die Gewässer versanden zu lassen und damit die Fahrbarkeit und Fischbarkeit zu vernichten und dem Wind durch Ausräumen des letzten Busches und Baumes den Weg für Ausblasung und Erosion freizumachen. Völker, die sich nicht rechtzeitig dazu aufraffen können, eine auf wissenschaftlich gegründeter Raumplanung aufbauende

Raumordnung durchzusetzen, stehen vor der Gefahr, recht plötz-
lich von der grausamen Erkenntnis geweckt zu werden, daß weder
die landwirtschaftliche Ernährungsbasis noch die natürlichen
Grundlagen für eine gewerbliche Wirtschaft zur Erhaltung des Volkes ausreichen. In dieser Lage, die als Drohung bereits heute vor
einigen Völkern steht, ist es notwendig, daß die auf dem Gebiete
des Waldaufbaus und der
Waldpflege erfahrenen Völker, vor allem aber die ein-
schlägige Gliederung der
UNO, die Forestry Divi-
sion of Food and Agricul-
ture (FAO), die unterent-
wickelten Völker bei Auf-
bau eines Forstdienstes
und einer Forstwirtschaft
unterstützen.

Erste Aufgabe einer
Raumordnung unter Ein-
beziehung der Wälder ist
immer eine Ausgliederung
der „absoluten Waldstand-
orte". Dieser schon recht
alte forstliche Fachaus-
druck ist gerade dabei,
einen Bedeutungswandel

Abb. 60. Stundenlang muß der kleine
Sundanesenjunge das Brennholz zur Hütte
schleppen, nachdem der Wald in weitem
Umkreis des Dorfes vernichtet ist (Westjava)

zu erleben. Als sich der Ausdruck im 19. Jahrhundert einbür-
gerte, begriff man unter „absolutem Waldstandort" solche Fläche
eines Landes, deren standörtliche Bedingungen bei Bewirtschaftung als Acker, Wiese oder Weide keinen zum Aufwand in aus-
reichendem Verhältnis stehenden Ertrag mehr erreichen ließ. Im
wesentlichen gehörten dazu ärmste Sandböden, steilste Hänge,
Geröllfelder und diejenigen Berglagen, deren Klima landwirtschaftliche Nutzung nicht erlaubt. Deshalb finden wir in Deutschland
reich bewaldet die weiten Sandflächen des Ostens und des Nord-
westens, die oberen Lagen der Gebirge und Steilhänge der Fluß-
einschnitte im Hügelland und Mittelgebirge. Fast waldfrei aber
finden wir die fruchtbaren Lößebenen Mitteldeutschlands und

112

Niederschlesiens und die Schwarzerdegebiete von Magdeburg bis Posen. Nun ist aber leicht einzusehen, daß durch einen Fortschritt in der Ackerbautechnik, der Bodenarbeit, Düngung und Sorten-züchtung diese Grenze der landwirtschaftlichen Nutzbarkeit gegen den „absoluten" Wald-standort ebenso ver-schoben werden kann, wie durch Veränderung der Bewertung der durch Landwirtschaft erzeugten Güter. Des-halb finden wir heute dank überlegter Frucht-folge und Grün-, Hu-mus- und Mineraldün-gung, gegebenenfalls in Verbindung mit Be-regnung, hochleistende Landwirtschaftsbetriebe auch bereits auf Flächen der Lüneburger Heide, wo noch vor wenigen Jahren nur Kiefernwald oder Schnuckenweide möglich schien. Wir er-lebten ferner jeweils unter der Nahrungs-mittelnot der beiden Weltkriege einen Ro-dungsangriff auf den

Abb. 61. Von der Hartlaubregion bis zu den Tropen sind Eukalypten die wichtigsten Helfer bei Wiedereroberung von Ödland, das von Erosion bedroht ist. Hier erreicht 8jähriger Stockausschlag von Eucalyptus globulus, die bei Lota (Südchile) auf Ödland folgte, Scheitel-höhen von 22 m und Durchmesser von 20 cm

Wald zur Gewinnung von Ackerflächen, der allerdings mit Öff-nung der Grenzen für Aus- und Einfuhr fast überall wieder zu den alten, in Deutschland seit 1400 wenig mehr verschobenen Wald-Feldgrenzen zurückpendelte.

In jüngerer Zeit erlebt nun der Begriff „absoluter Waldstand-ort" weltweit einen Bedeutungswandel. Man hat erkannt, daß

ungeachtet der Tauglichkeit für landwirtschaftliche Nutzung auch
solche Flächen „absoluter", d. h. ständig mit Wald bedeckter
Standort bleiben müssen, auf denen eben nur Waldbewuchs den
notwendigen Schutz gegen Erosion und Verwehung geben kann
oder deren Baumbestand für den ausgeglichenen Wasserhaushalt

Abb. 62. Dorfstraße auf Java; Java ist nur noch zu 14% bewaldet, aber dank
der Fruchtbaumwäldchen, in die jedes Dorf eingebettet ist, deckt mehr als
35% der Inselfläche Baumbewuchs; so entstand in Verbindung mit der hoch-
intensiven Kultur der bewässerten Reisfelder eine im Wasserhaushalt gesunde
Kulturlandschaft, die über 400 Menschen je km² ernährt

der umgebenden, anders genutzten Kulturlandschaft oder auch
als Erholungsgebiet und „Lunge" für Menschen- und Industrie-
ballungen nicht entbehrt werden kann. Aus diesem Bedeutungswandel wird sehr deutlich, daß heute „protektive" Wirkungen des
Waldes im Konkurrenzfall als vorrangig zu gelten haben vor
seinen „produktiven" Leistungen.

Demgemäß dürfen wir heute als erste Aufgabe der Raumordnung in einer Kulturlandschaft die Erkundung derjenigen
Flächen werten, deren Waldbewuchs im Interesse von unentbehr-
lichen Wohlfahrtswirkungen zu erhalten ist oder auf denen, ungeachtet ihrer gegenwärtigen Nutzung, Wald durch Aufforstung

herzustellen ist. Solche verantwortungsvolle, weil folgenreiche
Ausgliederung muß sich natürlich auf Bodenflächen aller Besitzkategorien erstrecken und bedeutet in der Regel einen Eingriff
in das Privateigentum in Gestalt einer Nutzungsbeschränkung.
Als solche bedarf sie einer gesetzlichen Regelung und einer wir-
kungsvollen Vollzugsorganisation. Wichtige Voraussetzungen
sind aber unabhängige wissenschaftliche Institute, die nach sach-
licher Ausrüstung und personeller Besetzung voll geeignet sind,
diese wichtigen und folgenschweren Entscheidungen zu treffen.
Waren solche Institute noch vor wenigen Jahrzehnten nur in
einigen europäischen Ländern anzutreffen, so weist heute eine
Liste der FAO bereits 33 Länder mit forstlichen Forschungseinrichtungen auf. Tatsächlich gehören noch mindestens zehn weitere Länder in diese Liste, da auch die im Verzeichnis nicht auf-
geführten Ostländer über vorwiegend sehr gut eingerichtete ein-
schlägige Forschungseinrichtungen verfügen. Neben solche For-
schungsinstitutionen gehören Lehrstätten für Forsttechniker, die
in der Lage sind, Wälder aufzubauen, einzurichten und zu bewirtschaften, die als „Schutzwald“ vollwertig sind und dennoch bzw.
gleichzeitig die standörtlich höchstmöglichen, nachhaltig erziel-
baren Erträge an Holz liefern.

Die wichtigen, nur durch Waldbewuchs erfüllbaren Wohl-
fahrtsleistungen mehr oder weniger umfangreicher Flächen in den
einzelnen Ländern verlangen vom Staat aber auch eine Förderung
der Holzwirtschaft. Von einem Grundbesitzer ist Aufbau, Erhaltung und Pflege von Wald um so leichter zu erreichen, je höher
der Rohstoff Holz, den ein wohleingerichteter Wald nachhaltig
liefert, wirtschaftlich bewertet wird. In Konkurrenz mit zahl-
reichen anderen Roh- und Kunststoffen kann sich aber Holz nur
dann erfolgreich durchsetzen, wenn die aus ihm entstehenden
Werkstoffe preisgünstig und hochwertig angeboten werden. Deshalb ist planmäßige wissenschaftliche Holzforschung als Grundlage einer blühenden Holzindustrie nicht nur ein Anliegen der
gewerblichen Wirtschaft, vielmehr gerade auch im Interesse der
Walderhaltung und damit im Interesse der gesamten Landes-
kultur überaus dringlich und förderungswürdig.

Die sonstigen Maßnahmen einer guten Forst- und Holzwirt-
schaftspolitik, die Probleme des Verkehrs und des Transportes,

der Besteuerung und Zölle, des Grundstücksverkehrs, der Ein-
schlagsregelung und Forstaufsicht betreffen, ergeben sich von
selbst aus den oben erläuterten, übergeordneten Grundsätzen. Sie
werden nach Wirtschafts-, Grundeigentums- und Sozialgefüge,
nach natürlichem Standort und Volksmentalität recht unterschiedlich sein müssen. Sowjetrußland oder Indonesien, die beide nur

Abb. 63. Mit Hilfe von Bewässerung kann selbst in der Wüste Baumbestand
gestaltet werden; Aufforstung von Eucalyptus-, Casuarina-, Cupressus- und
Pinus-Arten als Windschutz am Suezkanal

Wald in öffentlicher Hand besitzen, haben anders vorzugehen als
etwa Chile, wo der wirtschaftlich überhaupt greifbare Wald fast
vollständig in privatem Eigentum steht. Finnland, dessen Volk
sich seines Waldes als Grundpfeiler der Volkswirtschaft bewußt
ist, kann leichter gute Regelungen durchsetzen als die Türkei,
wo 90% der die Wählerschaft stellenden Bauern dem Wald
noch ohne Verständnis gegenüberstehen. Das titoistische Jugoslawien kann sein Ziel, Wald aufzubauen, geradliniger verfolgen
als das Jugoslawien unter der Herrschaft eines Parlamentes. Trotzdem sind Art und Erfolg der Forstpolitik keineswegs an eine
bestimmte Herrschaft- oder Regierungsform gebunden. Unter der
gleichen Demokratie herrschte in USA noch vor 40 Jahren scho-
nungsloser, vernichtender Raubbau am Walde, während sich

heute mehr und mehr Aufbau und Schonung kräftig durchsetzen.
Das parlamentarisch regierte England zeigte bis zum Ersten Weltkrieg noch keinen Ansatz des Waldbaus und hat dann seit 1919
die bewunderungswürdige Leistung vollbracht, fast 2 Mio ha
Wald auf Ödland aufzuforsten. In Rußland wurden in den An-
fängen der sowjeti-
schen Diktatur viele
100 000 ha Wald ver-
nichtet. Heute herrscht
unter dem gleichen
Regime eine wirkungs-
volle und in vieler
Hinsicht vorbildliche
Regelung der Forst-
und Holzwirtschaft.

Der wirkungsvoll-
ste Schutz der Wälder
sind aber nicht Ge-
setze und Polizeiknüp-
pel, sondern eine im
Bewußtsein des Vol-
kes verankerte, wach-
same „Waldgesin-
nung". Nach dem
Zweiten Weltkrieg
wich der am deut-
schen Wald durch die
Besatzungsmächte be-

Abb. 64. Plantage von 12jährigen Hochzucht-
pappeln (Schwarzpappelhybriden) auf ehemali-
ger trostlos häßlicher Braunkohlenhalde am
Niederrhein verbindet bedeutenden Holzertrag
mit Wohlfahrtswirkungen

triebene Raubbau zurück vor dem großartig einmütigen Protest
des doch machtlosen deutschen Volkes, der zur Gründung der
„Schutzgemeinschaft Deutscher Wald" führte. Dieser Protest,
der sich in dieser Stärke weder gegen die Demontagen noch gegen
sonstige bedrückende Zumutungen richtete, erwuchs aus dem
urgesunden Instinkt, daß selbst schwere technische Einbußen ersetzbar sind, daß aber großflächige Waldvernichtung an die
Grundpfeiler der Existenz als Volk rührt. Deshalb bleibt für alle
Regierungen, welche die nicht leicht überschätzbare Bedeutung
des Waldes als Träger von Wohlfahrtswirkungen erkannt haben,

die Weckung und Forderung einer „Waldgesinnung" in den breitesten Schichten des Volkes von Jugend auf der Ausgangspunkt und die unentbehrliche und feste Grundlage jeder Forstpolitik.

Ein Franzose, JACQUOT, hat einmal den Ausspruch getan, „Les forêts précèdent les peuples, les déserts les suivront" — „Die Wälder gehen den Völkern voran, die Wüsten werden ihnen folgen". Bereits auf Millionen von ha ist dieses Wort traurige Wirklichkeit geworden. Wir dürfen aber heute aus dem unverkennbar weltweiten Erwachen aus einer Befangenheit in nur auf den Tageserfolg gerichtetem Gewinnstreben die Hoffnung herleiten, daß die Zeit unaufhaltsam weiterschreitender Waldverwüstung abgelöst wird durch eine Zeit des Waldschutzes und des Waldaufbaus.

Anhang 1: Bestimmungsschlüssel für die Entwicklungsstufen von Baumbeständen

Der folgende Bestimmungsschlüssel verwendet in seiner Terminologie vier Grundbegriffe, die es vorher zu definieren gilt:

„Wald" wird verwendet für alle bewirtschafteten oder nichtbewirtschafteten Baumbestände der autochthonen Baumarten und Artenmischungen auf vom Menschen nicht gestörtem Standort. Sparsame Anreicherung der autochthonen Baumartenmischung durch standorttaugliche Gastbaumarten ist mit dem Begriff „Wald" vereinbar, solange autochthone Baumarten Gefügegestaltung, Gang der Evolution, Floristik und Humusbildung weiterhin klar beherrschen.

„Forst" wird verwendet für Baumbestände, die in ihrer floristischen Zusammensetzung oder im Gefüge ihres Standortes durch Menschen wesentlich gestaltet oder umgestaltet wurden.

„Aufforstung" ist immer durch menschliche Technik bewirkter Erstwald auf bisher von Baumgesellschaften freiem Grund.

„Baumplantage" ist schließlich bewirtschafteter Baumbestand, dessen Standort, turnusmäßig wiederkehrend, vom Menschen wesentlich bereitet wird.

Die Ziffern auf der rechten Seite der Tabelle sind Verweise auf diejenigen Ordnungsziffern auf der linken Seite der Tabelle, unter der zur Fortführung der Bestimmungsarbeit weiterzulesen ist. Der Bestimmungsweg endet dann an einer in Fettdruck gesetzten Entwicklungsstufe.

1a Völlig unberührte oder durch menschliche Einwirkung im Gefüge von Standort und Bestockung und in deren floristischer Zusammensetzung nicht erkennbar beeinflußte Wälder   Naturwald   2

 b Durch menschliche Einwirkung erkennbar gestaltete oder umgestaltete Baumbestände   Anthropogener Baumbestand   5

2a Stabile Wälder, die sich bei gegebenem Standort stetig aus Sukzessionen entwickelten   Primärer Schlußwald (Urwald)   3

 b Wälder, die noch keinen ausgereiften Gleichgewichtszustand erreichten und deren Gefüge oder floristische Zusammensetzung sich noch deutlich in der Evolution einer Sukzession befinden   Temporärer Naturwald   4

3a Reife Schlußwälder als Endphase einer Sukzessionsreihe von Pflanzengesellschaften auf ausgereiftem Boden   **Klimaxwald**

 b Stabile Dauergesellschaften, deren Boden aus orographischen Gründen nicht zu der dem örtlichen Klima entsprechenden Ausreifung gelangen kann und denen damit der Weg zum Klimaxwald versperrt bleibt   **Edaphisch bestimmter Schlußwald**

4a Aus Naturansamung erwachsene Erstwälder auf vorher noch nie
bewaldetem Boden   **Primärer Pionierwald**

 b Wiederbesiedlung von Kahlflächen aus Naturansamung nach nicht
durch Menschenwerk zerstörten Naturwäldern

           Natürlicher Sekundärwald

5a Die floristische Zusammensetzung des Baumbestandes gleicht im
wesentlichen derjenigen einer entsprechenden Phase der dem gegebenen ungestörten Standort entsprechenden Naturwaldsukzession;
Anreicherung durch für Standort und jeweiliges Gefüge volltaug-
liche Gastbaumarten darf Grundcharakter des Biotyps nicht wesentlich wandeln   Naturnaher anthropogener Wald 6

 b Die floristische Zusammensetzung des Baumbestandes weicht wesentlich vom standörtlichen Naturwald ab; dieser floristische Wandel ist nicht Folge einer belangreichen Umgestaltung des Standortes,
insbesondere des Bodens, und ist nicht von einer solchen begleitet

       Forst auf ungestörtem Waldboden 7

 c Die floristische Zusammensetzung des Baumbestandes änderte sich
oder wurde gegenüber dem standörtlichen Naturwald verändert;
darüberhinaus haben belangreiche Veränderungen in der Gestalt des
Standortes, insbesondere des Bodens, stattgefunden (intensive Bodenarbeit, Düngung, Verdichtung, Versauerung usw.)

  Baumbewuchs auf melioriertem oder gestörtem Standort 8

 d Von Menschen kultivierter Forst auf bisherigem Nichtwaldboden
und auf langjährigen Ödflächen   Erstforst 10

6a Die menschlichen Eingriffe beschränkten sich ohne Erziehungs-
absicht auf stammweise und truppweise Nutzung im Naturwald, ohne
dessen Gefüge wesentlich zu ändern **Primärer Plenterwald**

 b Die stamm- und truppweisen Nutzungseingriffe bei Erhaltung des
Gefüges waren und sind mit planvollen Erziehungs- und Veredlungs-
absichten verbunden **Primärer veredelter Plenterwald**

 c Der Eingriff des Menschen änderte das Gefüge des Naturwaldes zeitweilig wesentlich **Naturnaher anthropogener Sekundärwald**

7a Der Forst wird aus standorttauglichen Baumarten gebildet

          Standorttauglicher Forst

 b Der Forst wird überwiegend aus nicht-standorttauglichen Baumarten gebildet   **Standortuntauglicher Forst**

8a Baumbewuchs nach Baumbestand auf für Holzzucht einmalig technisch meliorierten Flächen, die aber ohne im Turnus wiederholte
technische Bodenbearbeitung bleiben

     Baumbewuchs auf melioriertem Boden

 b Kultur von Holzpflanzen auf turnusmäßig wiederkehrend, insbesondere durch Bodenbearbeitung oder Düngung technisch berei-
tetem Standort   Holzzuchtplantage 9

 c Baumbewuchs, der durch Abwandlung des Standortes betroffen
wurde oder wird **Baumbewuchs durch Standortwandel betroffen**

9a Kultur von Holzpflanzen ohne turnusmäßige Zwischenschaltung
von Feldbauphasen **Baumplantagen, Weidenheger**

 b Kultur von Holzpflanzen mit turnusmäßiger Zwischenschaltung von
Feldbauphasen   **Taungya-Plantage**

Grundlegende Literatur zur Ergänzung

BAVIER, J. B.: Schöner Wald in treuer Hand. Aarau: Sauerländer 1949.

KNUCHEL, H.: Das Holz. Frankfurt: Sauerländer 1954.

KÖSTLER, J. N.: Waldbau. Hamburg: Parey 1950.

MAYER-WEGELIN, H.: Das Holz als Rohstoff. München: Hauser 1955.

RICHARDS, P. W.: The Tropical Rain Forest. Cambridge: University Press 1952.

RUBNER, K.: Die pflanzengeographischen Grundlagen des Waldbaus. 4. Aufl. Radebeul: Neumann 1953.

SCHENCK, C. A.: Fremdländische Wald- und Parkbäume. Berlin: Parey 1939. 3 Bände.

SCHIMPER, A. F. C., u. F. C. v. FABER: Pflanzengeographie. 3. Aufl. Jena: Fischer 1935. 2 Bände.

WECK, J.: Forstliche Zuwachs- und Ertragskunde. 2. Aufl. Radebeul: Neumann 1955.

World Forest Resources. Rom: FAO 1955 (März).

Yearbook of Forest Products Statistics. Rom: FAO 1954.

Zeitschrift für Weltforstwirtschaft 1949—55. Reinbek: Bundesforschungsanstalt für Forst- und Holzwirtschaft.

Anhang 2. Übersicht der im Text erwähnten Baumarten

Die zuständige Waldregion wird in Spalte 3 durch folgende Abkürzungen ergänzt:

TrR = Tropischer Regenwald

MR = Montaner Regenwald

TeR = Temperierter Regenwald

RgG = Regengrüne Gehölze

HbG = Hartlaubgehölze

P = Pionier, geeignet für Erstwald auf Ödland

SL = Sommergrüner Laubwald

NN = Nördlicher Nadelwald

N (B) = Nadelwald der Mittelgebirge der gemäßigten Zone

Wissenschaftlicher Name	Volksname oder Handelsname	Heimatliches Verbreitungsgebiet und zuständige Waldregion	Ökologisch und forstlich wichtige Eigenschaften	Holzwirtschaftliche Bedeutung
Abies alba Mill.	Weißtanne, Edeltanne, Silbertanne	Mittelgebirge von Mitteleuropa, Balkan und Apennin-Halbinsel N (B)	Schattbaumart; langsames, aber anhaltendes Wachstum; in Jugend empfindlich gegen Wind und Frost; waldbaulich wichtig im dtsch. Mittelgebirge; sehr gut im Plenterwald	Bau- und Papierholz ähnlich Fichte
Abies balsamea (L.) Mill.	Balsam fir, Balsamtanne	Nördl. Nordamerika von Neufundland bis Labrador NN	Klimaharte Tanne der kanadischen Taiga auf sumpfigen und kargen, steinigen Böden; sehr leichte, üppige Naturverjüngung auch auf Freiflächen	Geeignet als Papierholz
Abies grandis Lindl.	Grand fir, Silver fir, Große Küstentanne	Nördl Rocky Montains und pazifische Küstenregion von Oregon bis Washington N (B)	Halbschattbaumart; unter Schirm aber auch auf Freilandfläche gedeihend; ziemlich raschwüchsig, wird bis 70 m hoch; in NW-Deutschland mit sehr gutem Erfolg angebaut	Holz weniger geschätzt als Fichte und Weißtanne

Abies sibirica Ledeb.	Sibirische Tanne	Sibirien, Altai und Sajangebirge, Mongolei; NN	Winterhart, aber bei uns spätfrostgefährdet	Holz ähnlich dem der Weißtanne
Acacia auriculaeformis A. Cunn.		Nordaustralien und Ost-Molukken; bis 600 m; TrR-P	Wächst in den Feuchttropen auch auf Alang-Alang-Ödland rasch bodenbedeckend hoch	Holz vorwiegend nur gebraucht für Brennzwecke
Acacia capensis Colla		Südafrika HbG — P	Zu dichten, dornigen, undurchdringbaren Hecken erwachsend	Benutzt für Zäune
Acacia cavenia Hook.	Espino	Dornbuschsavannen von Süd-Amerika HbG — P	Langsamwüchsige, zähe, überaus trockenresistente Pionierbaumart	Vorzügliches Kohlholz
Acacia decurrens Willd.	Akasia (Indonesien)	Australien u. Timor MR — P	Raschwüchsig, ausschlagfähig; bedarf zur Gesunderhaltung einer Trockenzeit; vorzügliche Gerbstoffakazie in den Berglagen der Tropen	Sehr gutes Kohlholz; stark gerbstoffhaltige Rinde
Acacia farnesiana Willd.	Cassie-Flower (USA), Bonni	Tropisches Amerika HbG — P	Zu lebenden Hecken erwachsend	Benutzt für Zäune
Acacia melanoxylon R.Br.	Blackwood	Australien HbG — P	Schnellwüchsig, über 30 m hohe wertvolle Schäfte, nicht frostfest, nur bedingt resistent gegen Trokkenheit, braucht über 700 mm Jahresniederschlag	Wertvolles Ausstattungsholz
Acacia tortilis Hayne = A. raddiana Savi	Abser, Afagag	Sudan, Ägypten, Arabien HbG — P	Sehr trockenresistent noch bei 200 mm Jahresniederschlag; nicht auf Salzboden gedeihend; selten höher als 5 m	Brenn- und Kohlholz

Wissenschaftlicher Name	Volksname oder Handelsname	Heimatliches Verbreitungsgebiet und zuständige Waldregion	Ökologisch und forstlich wichtige Eigenschaften	Holzwirtschaftliche Bedeutung
Acacia villosa Willd.		Curacao, Jamaica TrR — P	Gedeiht noch auf dichten, sauerstoffarmen Tropenböden; wird weder von Vieh noch von Wild verbissen; 2—4 m hohe Hilfsbaumart in Plantagen und Teakaufforstungen	
Acer campestre L.	Feldahorn, Maßholder	Europa außer Nordskandinavien und südl. Mittelmeerländer, Westasien SL	Trägwüchsiger Kleinbaum, bis 20 m hoch werdend; Halbschattbaumart mit geringen Bodenansprüchen, gut geeignet für Waldmäntel an Feldern	Weniger geschätzt als Spitz- und Bergahorn
Acer platanoides L.	Spitzahorn	NO-Europa, Kaukasus SL	Auf besseren Böden der Ebenen und Auen, bis 30 m hoch werdend; schöner Park- und Straßenbaum	Furnier- und Schnittholz
Acer pseudoplatanus L.	Bergahorn	Mittelgebirge Europas, Westasien; SL	Mischbaumart, bis 40 m hoch werdend, auf kräftigen Gebirgsböden	Furnier- und Schnittholz
Aesculus hippocastanum L.	Roßkastanie	Vorderasien, Nordgriechenland, Bulgarien; HbG	Als raschwüchsiger Parkbaum in Europa verbreitet	Schlechte Stammform, aber schälbar
Afzelia palembanica Baker = *Intsia palembanica Mio.*	Merbau	Sumatra bis 300 m TrR	Ziemlich raschwüchsiger Baum der Flußufer, meist weniger als 40 m hoch werdend	Termitenfestes, dauerhaftes, wertvolles Nutzholz

Agathis australis Salisb.	Kaurifichte	Nördl. Neuseeland TeR	Bis 60 m hoch werdender, immergrüner Baum mit Durchmessern bis 6 m	Wertvolles Nutzholz; erstklassig für Masten
Agathis loranthifolia Salisb.	Damar mereh	Süd-Molukken 10—1400 m MR	Auf gutem Boden bei ausreichendem Niederschlag bis 60 m hoch werdende, schattenertragende Konifere	Hochwertiges Werk- und Faserholz
Ailanthus altissima Swingle = *A. glandulosa Desf.*	Götterbaum	Korea und Nord-China SL — P	Sehr raschwüchsiger und ausschlagsfähiger Baum; verträgt Rauch und Abgase der Großstadt; vorzüglich geeignet für Aufforstung von Kalkkarst-Ödland	Sehr zellulosereiches Holz
Albizzia falcata Baker	Batai	Molukken und Neuseeland TrR — P	Überaus raschwüchsig, aber kurzlebig; nur auf besseren Böden gedeihend; häufig als Schirmbaum in Tee- und anderen Plantagen; Pionier guter Böden	Sehr leichtes Holz, geeignet für Kistenbretter und Zellstoff
Alnus glutinosa (L.) Gaertn.	Schwarz- oder Roterle	Nord- und Osteuropa bis Sibirien SL + NN — P	Baumart des Bruchwaldes, raschwüchsig, frost- und windhart; meist als Ausschlagwald genutzt; gut für Haldenaufforstung	Schnitt- und Schälholz
Alnus hirsuta (Spach) Rupr.	Sibirische Erle	Mandschurei, Sachalin, Nordjapan, Jakutien, Ostsibirien; NN — P	Noch in den härtesten Teilen Ostsibiriens als Strauch gedeihend; für den Bewuchs von Flächen ewiger Bodengefrornis	
Alnus incana (L.) Moench	Weiß- oder Grauerle	Nord- u. Osteuropa bis Kamtschatka bis $70^1/_2°$ N. SL + NN — P	Völlig frost- und winterhart; treibt auch Wurzelbrut; raschwüchsig; sehr guter Pionier für Kalkkarst-Ödland	Weniger geschätzt als Roterle

Wissenschaftlicher Name	Volksname oder Handelsname	Heimatliches Verbreitungsgebiet und zuständige Waldregion	Ökologisch und forstlich wichtige Eigenschaften	Holzwirtschaftliche Bedeutung
Alnus rubra Bong.	Amerikanische Roterle, Oregonerle	Nordamerika, westl. der Cascaden von Oregon bis Brt. Columbien N (B) — P	Nicht älter als 80—100 Jahre werdende Ammenbaumart für Douglasie, Sitkafichte, Tsuga, Abies und Thuja; sehr rascher Jugendwuchs	Schnitt- und Schälholz
Alnus viridis DC.	Grünerle	Alpen- u. Karpatenhochlagen bis 2000 m N (B) — P	Vorzüglicher Festiger der Wildwasserufer	
Altingia excelsa Noronha	Rasamala	Sumatra und Westjava, 500—1700 m MR	Beherrschender Riese des indonesischen Berg-Urwaldes, wird bis 60 m hoch; im Reinbestand kultivierbar	Wertvolles Bauholz
Araucaria angustifolia O. Ktze.	Pinho de Parana	Hochlagen Südbrasiliens bis NW-Argentiniens bis 1300 m HbG — P RgG — P	Verlangt warmes Klima und viel Licht; gedeiht auch auf geringem, trockenem Sand; erreicht Höhen bis 45 m; ist in der Jugend sehr raschwüchsig; wichtigste Nadelholzart von Südamerika	Gutes Schnittholz zum Innenausbau
Araucaria araucana (Molin) K. Koch = *A. imbricata Pav.*	Pehuen, Pino piñón, Chilenische Araukarie	Kordillere von Südchile ab 1000 m TeR	Sehr langsam, aber langanhaltend wachsend, wird bis 1000 Jahre alt; steht vor Ausrottung durch Exploitation	Gutes Schnittholz zum Innenausbau

Aucoumea klaineana Pierre	Okoumé, Gaboon	Franz. Gabun, Kamerun, westl. Kongogebiet TrR + RG	Lichtbedürftig und raschwüchsig; Savannenbaumart	Wertvollstes Holz für Sperrplatten; wichtigstes Exportholz Afrikas
Betula lutea Michx.	Yellow birch, Gelbbirke	Ost-Kanada und im Nordosten von USA SL + NN	Hohe, schlankwüchsige Lichtbaumart des Zwischenwaldes nach Aspen und vor Stroben, Buchen und Tannen, Fichten und Hemlock	Gutes Bau- und Möbelholz
Betula nana L.	Zwergbirke	Polarländer und Moore der dtsch. Gebirge; NN — P	Klimaharter Strauch der polaren und alpinen Waldgrenzen	
Betula papyrifera Marsch.	Paper birch, Papierbirke	Ganz Kanada und Nordstaaten der USA; NN — P	Sehr anpassungsfähige, bodenvage Pionierart, in kanadischen Windschutzstreifen verwendet	Drechslerholz; Rinde für Kanus gebraucht
Betula pendula Roth. = B. verrucosa Ehrh.	Weißbirke, Trauerbirke, Sandbirke	Europa bis nördl. Skandinavien, Sibirien SL + NN — P	Hervorragend frost- und windfest; gedeiht auch auf humusfreien Sanden; wichtigster Ödlandpionier bis zu Höhenlagen von etwa 600 m	Gutes Brenn- und Schälholz
Betula platyphylla Sukatchev		Amurgebiet, Mandschurei, Ostsibirien NN — P	Als 2. Stockwerk unter Schirm von Pinus koraiensis; in Reinbeständen auf Sumpf- und Brandflächen; wichtigste Birke des festländischen Nordost-Asiens	
Betula pubescens Ehrh.	Ruchbirke, Moorbirke, Besenbirke	Europa nur nördl. der Alpen und Karpaten bis nördlichstes Skandinavien SL + NN — P	Absolut frost- und windfest; gedeiht auch auf Moorböden	Weniger geschätzt als Weißbirke

Wissenschaftlicher Name	Volksname oder Handelsname	Heimatliches Verbreitungsgebiet und zuständige Waldregion	Ökologisch und forstlich wichtige Eigenschaften	Holzwirtschaftliche Bedeutung
Castanea dentata (Marsh) Borckh.	Chestnut, amerikanische Edelkastanie	Östl. Nordamerika, Südrand Kanadas bis Georgia SL	Wertvoller Laubbaum 1. Kl. des Mischwaldes der Alleghanies; durch eine eingeschleppte Pilzkrankheit in seiner Heimat fast ausgerottet	Bau-, Möbel- und Faßholz
Castanea sativa Mill. = *C. vesca* *Gaertn.*	Edelkastanie, Marone	Südeuropa, Nordafrika, Kaukasus SL + HbG	Schattbaumart, verlangt Weinklima und tiefgründigen Boden; durch Anbau bis Südschweden vorkommend, aber nicht fruktifizierend	Wie Castanea dentata; im Mittelmeerraum durch Früchte besonders wichtig
Castanopsis argentea DC.	Saminten	Bergregion von Ostjava, 1400—2200 m MR	Zus. mit Eichen und anderen Castanopsisarten häufiges Glied der 2. Etage des Bergmischwaldes	Gerbstoffhaltige Rinde; gutes Holz, aber vorerst kaum genutzt
Casuarina equisetifolia Forst.	Australian oak, Tjemara lant (Java), Keulenbaum	Australien, von hier nach Südsee, Indien und Ostafrika TrR — P	Raschwüchsig, auch auf armen, trockenen Dünensanden der Tropen, daher vorzüglich für Dünenaufforstung; braucht etwa 400 mm Jahresniederschlag	Hartes, schweres und schwerbearbeitbares Holz
Cedrus atlantica Manetti	Cèdre de l'Atlas, Atlaszeder	Gebirge von Nordafrika bei etwa 1000 m HbG — P	Raschwüchsig; frosthärteste der Zedern; gut geeignet für Aufforstung in Hochlagen südeuropäischer Gebirge	Gutes Bau- und Möbelholz

Cedrus deodara (Roxb.) Loud.	Diar, Himalajazeder	Himalaja, 1000—4000 m MR + TrR	Frostempfindlichste der Zedern, verlangt mehr Feuchtigkeit als die anderen Zedern; wertvollste Konifere der Himalaja-Region; wird 50 m hoch	Gutes Bau- und Möbelholz
Cedrus libani (Barr.) Loud.	Libanonzeder	Gebirge Kl.-Asiens und Zyperns, 1300—2100 m HbG	Langsamwüchsigste der Zedern, Lebensalter von 3000 Jahren erreichend	Wegen des wertvollen Holzes auf wenige unzugängliche Orte beschränkt
Chlorophora excelsa Benth. et Hook	Iroko, Kambala	Zentral- und Westafrika und Küstenregion Ostafrikas TrR + RgG	Nur in der Jugend Schatten ertragend; leicht auf Rodungen ankommend; rasches Jugendwachstum; bis 50 m hoch werdender Baum des Sekundärwaldes	Hochwertiges Bau- und Faßholz
Cinnamomum camphora Nees u. Eberm.	Kampferbaum	Südjapan und Südchina TeR	Kleiner, immergrüner Baum	Wertvolles Möbelholz und Rohstoff zur Kampfergewinnung
Cryptomeria japonica (Lf.) D. Don	Sugi, japanische Zeder	Südliches Japan zwischen 200 bis 800 m; TeR	Bis 70 m hoch werdender Baum auf frischen Böden	Leichtes, dauerhaftes leicht zu bearbeitendes Nutzholz
Cunninghamia lanceolata Hook. = C. sinensis R. Br.	Sanchu, Spießtanne	Südchina, Südjapan TeR	Baum von nur 12—15 m Höhe, nur in wintermilden, feuchten Klimaten gedeihend	Feines, leichtes, dauerhaftes Holz
Cupressus arizonica E. L. Greene	Arizona cypress, Yew	Arizona und Nord-Mexiko, 1500 bis 2000 m HbG — P	Gedeiht noch auf trockenen, sterilen Fels- und Geröllhängen, daher wichtige Pionierbaumart für Trokkengebiete der Subtropen und der Hartlaubzone	Dauerhaftes Bauholz; aber die Vorräte sind nur gering

Wissenschaftlicher Name	Volksname oder Handelsname	Heimatliches Verbreitungsgebiet und zuständige Waldregion	Ökologisch und forstlich wichtige Eigenschaften	Holzwirtschaftliche Bedeutung
Cupressus lusitanica Mill.	Spanische Zypresse	Vorderindien; angebaut auf der Pyrenäen-Halbinsel HbG — P	Gedeiht noch auf trockenen, sterilen Fels- und Geröllhängen, daher wichtige Pionierbaumart für Trockengebiete der Subtropen und Hartlaubzone	Dauerhaftes Bauholz
Cupressus macrocarpa Hartw.	Monterey cypress	Kalifornische Küstenregion HbG — P	Verlangt 500 mm Niederschlag, dann aber bodenvag; breitkronig	Gutes, dauerhaftes Holz; astiger Schaft
Cupressus sempervirens L.	Italienische Zypresse	Östl. Mittelmeergebiet, Griechenland, Nordafrika, bis 2000 m HbG — P	Bei mindestens 300 mm Jahresniederschlag gedeihend; langsamwüchsig; wichtiger Pionier für Ödland in den Bergen der Hartlaubregion	Wertvolles Bauholz
Cupressus torulosa D. Don	Nepalzypresse, Himalaja-Zypresse	Himalaja TeR — P	Braucht gute Böden und mehr als 500 mm Niederschlag; zus. mit Cedrus deodara	Sehr wertvolle, vollholzige, astreine Schäfte aus hochwertigem Holz
Dacrydium elatum (Roxb.) Wall.	Sampinur	Borneo, Sumatra TrR	Nimmt in der Regel den Kern der flachen Sandhügel in sumpfigen Urwäldern ein; langsamwüchsig, erreicht Höhen von 40 m; Mischbaumart im Dipterocarpus-Urwald des armen Typs	Wertvolles Holz

Eucalyptus camaldulensis Dehn = *E. rostrata Schlecht.*	Murray red gum	Süd-Australien, Höhenlagen 600 m HbG — P	Kann noch bei etwa 250 mm Jahresniederschlag auf Sandboden gedeihen; raschwüchsig und ausschlagsfähig; bis —5° C aushaltend; sehr weit ausgreifendes Wurzelsystem bewirkt gute Bodenbefestigung	Holz ist dauerhaft u. eignet sich für Eisenbahnschwellen und Pfosten
Eucalyptus globulus Labille.	Tasmannien gum, Blew gum, blauer Gummibaum	Süd- und Südost-Tasmanien und Victoria 400 m HbG — P	Braucht über 500 mm Jahresniederschlag; raschwüchsig und ausschlagfähig; wird 60—100 m hoch; erträgt Frost bis —4° C; geeignet für Aufforstung ausreichend frischer Standorte in der Hartlaubzone, dann raschwüchsiger als E. camaldulensis	Holz ist zäh und elastisch, wird leicht rissig; Bauholz
Eucalyptus naudiniana F. Muell. = *E. deglupta Blume*	Amamanit	Ost-Molukken; in Indonesien und Cuba angebaut in Höhenlagen von 150 bis 800 m; TrR — P	Verlangt mindestens 2000 mm Jahresniederschlag und erträgt nur kurze Trockenzeit; typische Tropen-Eukalypte in Lagen tiefer als 800 m; vorzügliche Wuchsleistung	Holz ist dauerhaft
Eucalyptus regnans F. v. M.	Giant gum	Victoria zwischen 450—1000 m und Nordost-Tasmanien HbG + SL	Erträgt Frost bis —9° C und bis zu 70 Frosttage; braucht mindestens 800 mm Jahresniederschlag; erreicht nur auf tiefgründigem Lehm 90 m Scheitelhöhe, sonst 30—45 m; empfindlich gegen Feuer und nicht ausschlagfähig; rasches Jugendwachstum und Anpassung sowohl an Subtropen als auch an wärmere Teile der gemäßigten Zone	Gutes Tischlerholz, nicht so dauerhaft wie das von E. globulus

Wissenschaftlicher Name	Volksname oder Handelsname	Heimatliches Verbreitungsgebiet und zuständige Waldregion	Ökologisch und forstlich wichtige Eigenschaften	Holzwirtschaftliche Bedeutung
Eucapyltus saligna Sm.	Sydney gum, Blew gum	Küste von Nord-Südwales in Höhenlagen von 1000 m MR — P	Auf guten, bindigen, wohldrainierten Böden der Tropen gut gedeihend; geeignet für Baumplantage in der Region des montanen Regenwaldes der Tropen	Dauerhaftes, hartes Holz
Eusideroxylon zwageri Teisjm. u. Binn.	Belian, Borneo-Eisenholz	Borneo und Süd-Sumatra in Tieflagen und bis 400 m aufsteigend; TrR	Ziemlich langsamwüchsige ausgeprägte Schattbaumart auch auf geringen Böden	Besonders dauerhaftes, hartes, schweres, termitenfestes Holz
Fagus sylvatica L.	Rotbuche, Echte Buche	Mittel- u. Westeuropa SL	Schattbaumart; in der Jugend gegen Frost und Bewindung empfindlich; biologisch wichtige Mischbaumart der Gebirgswälder	Hartes, kurzfaseriges Holz von gutem Gebrauchswert, nicht dauerhaft
Fitzroya patagonica Hook.	Alerce	Küstenkordillere von Südchile TeR	Sehr langsamwüchsig, aber mit gutem Zuwachs, bis über 2000 Jahre alt werdend	Leichtes, fast unbegrenzt dauerhaftes, leicht bearbeitbares u. leicht spaltbares sehr wertvolles Nutzholz
Guarea thompsoni Sprague et Hutch	Bossé, Mbossé-Mahagoni	Elfenbeinküste bis Kamerun TrR	Schattbaumart des afrikanischen Regenwaldes	Holz ist guter Ersatz für echtes Mahagoni, Möbelholz

Juniperus oxycedrus L.	Zederwacholder	Mittelmeerländer und Nordafrika HbG — P	In der Regel nur strauchartig, allenfalls Kleinbaum; sehr trockenresistent	
Koompassia excelsa Taub.	Tualang	Sumatra, Malaya, bis 300 m TrR	Größter Baum Nordsumatras, Höhe bis 80 m, Durchmesser bis 4 m	Hartes, festes, schweres, wenig dauerhaftes Holz, das sich sehr schwer bearbeiten läßt
Larix decidua Mill. = *L. europaea DC.*	Europäische Lärche	Karpaten, Sudeten, Alpen N (B)	Raschwüchsig, lichtbedürftig, windfest, erkrankt in luftfeuchter Nebelzone am Krebs; tiefwurzelnde Pionierbaumart auf Gebirgsblößen	Wertvolles Bau- und Möbelholz
Larix gmelini Rupr. = *L. dahurica Turcz.*	Dahurische Lärche, Amurlärche	Ostasien; Amurgebiet, Sachalin u. Jakutien NN — P	Äußerst klimaharte Baumart, bis zur arktischen Grenze als Strauch anzutreffen; oft einzige Baumbestockung der ostsibirischen Bodengefrornis	
Larix laricina (du Roi) Koch	Tamarack, Eastern larch	Nordamerika von Neufundland bis Alaska NN — P	Klimahärteste Baumart an der arktischen Baumgrenze von Nordamerika; langsamwüchsiger, oft strauchartiger Pionier auf Kältesümpfen	Stämme nur selten nutzbare Stärken erreichend
Larix leptolepis (Sieb. et Zucc.) Gärtn. = *L. japonica Carr.*	Japanische Lärche	Zentral-Japan (Insel Hondo) SL — P	Sehr raschwüchsig, lichthungrig, auch in luftfeuchtem Klima gesund bleibend; sehr guter Pionier für Geestaufforstung	Holz nicht ganz so hochwertig wie das von L. decidua

Wissenschaftlicher Name	Volksname oder Handelsname	Heimatliches Verbreitungsgebiet und zuständige Waldregion	Ökologisch und forstlich wichtige Eigenschaften	Holzwirtschaftliche Bedeutung
Leucadendron argenteum R. Br.	Silberbaum	Kapland HbG	Bis zu 15 m hoher Charakterbaum der kapländischen Hartlaubzone, an frischen Hängen und in Schluchten die kapländische Macchie überragend	Holz ist von mittlerer Qualität
Leucaena glauca Benth.		Tropisches Südamerika TrR	Tiefwurzelnder Stickstoffsammler, auf verdichteten Böden untauglich, vorzüglich wirksame Gründüngungs- und Hilfspflanze für Teeplantagen und Teakkulturen; wird vom Vieh verbissen	Brennholz
Libocedrus chilensis (Don) Endl.	Cedro chileno, Flußzeder	Südkordillere von Chile bis Argentinien, in Mittelchile ab 1500 m (35°) und in Südchile ab 300 m HbG + TeR	Auf trockenen Südhängen	Dauerhaftes Bau-, Möbel- und Schindelholz
Lovoa klaineana Pierre	Bibolo, Dibetou	Kamerun u. Guinea Küste TrR	Baumart der Schlußwaldphase	Furnier- und Schälholz, Nußbaumersatz

Musanga smithii R. Br.	Schirmbaum	Afrikanischer äquatorialer Regenwald TrR — P	Ausgesprochene Pionier- und Lichtbaumart im Sekundärwald nach Rodungen; neben Balsa und Albizzia eine der raschwüchsigsten und kurzlebigsten Baumarten	Sehr leichtes, weiches Holz, tauglich für Zellstoffgewinnung
Nothofagus antarctica (Forst) Oerst.	Nirre	Küsten- und Andenkordillere an der Baumgrenze TeR — P	Ausgesprochener Pionier, der nicht höher als 15 m wird und in tieferen Lagen nur in Frostlöchern und ärmsten Böden zu finden ist	
Nothofagus dombeyi (Mirb.) Blume	Coigue, Coihue	Chile zwischen 34°40′ und 48° S. bis 1200 m TeR	Immergrüner, raschwüchsiger Baum, der bis 45 m hoch wird und Durchmesser bis 4 m erreichen kann; kontinentales Klima bevorzugt; häufigste Nothofagus-Art von Chile	Hartes, schwer trocken- und imprägnierbares Holz mit 13% tangentialer Schwindung
Nothofagus obliqua (Mirb.) Blume	Roble	Chile zwischen 35°30′ und 41°30′ in Höhenlagen 600 m TeR	Maritimes Klima bevorzugt, stockt von Natur vorwiegend auf guten, auch für Landwirtschaft wohlgeeigneten Böden und erreicht hier Höhen bis 40 m	Hartes, dauerhaftes, festes Holz
Nothofagus procera (Poepp. et Endl.) Oerst.	Rauli, chilenisches Mahagoni	Chile zwischen 35°20′ und 40° in Höhenlagen von 350—900 m TeR	Ziemlich rasch- und sehr gradwüchsig	Sehr wertvolles Nutzholz, mittelschwer und leichtbearbeitbar
Nothofagus pumilio Reiche	Lenga	Küsten- und Andenkordillere von Südchile 500—1800 m TeR — P	Pionierbaumart an der Baumgrenze, verjüngt sich leicht auf kleinen Lichtungsflächen	Ziemlich gutes, mittelschweres Nutzholz

Fortsetzung von Anhang 2

Wissenschaftlicher Name	Volksname oder Handelsname	Heimatliches Verbreitungsgebiet und zuständige Waldregion	Ökologisch und forstlich wichtige Eigenschaften	Holzwirtschaftliche Bedeutung
Ochroma peruviana Johnston	Palo de balsa	Trop. Amerika von Südmexiko bis Ecuador, Bolivien, Guayana TrR — P	Raschwüchsigster Tropenbaum, ausgesprochene Licht- und Pionierbaumart, bes. auf Süßwasseralluvionen; im 1. Jahr bis 5 m aufschießend; durchschnittlicher jährlicher Holzzuwachs je ha 50 m^3; kurzlebig	Korkleichtes, seewasserfestes Holz
Olea europaea L.	Ölbaum, Olive	Syrien und Griechenland, durch Anbau im ganzen Mittelmeergebiet HbG	Fruchtbaum der trockenen Hänge in der Hartlaubregion; langsamwüchsig; nicht mehr als 15 m erreichend	Schweres, hartes, nicht dauerhaftes Holz, leicht bearbeitbar; wichtiger sind die Früchte
Picea abies (L.) Karsten = *P. excelsa Link*	Rotfichte, europäische Fichte	Mitteleuropäische Gebirge, Skandinavien, Finnland, Mittel- und Nord-Rußland NN + B (N)	Verlangt zu gutem Gedeihen reichlich Feuchtigkeit; Halbschattbaumart im Reinbestand, oft unzersetzlichen Humus bildend	Wichtigste Holzart der Bundesrepublik; gutes, leicht bearbeitbares Nutzholz; liefert den Rohstoff der Zellulose- und Papierwerke Europas
Picea glauca (Moench) Voss = *P. alba Link*	White spruce, Schimmelfichte, Weißfichte	Nördl. Nordamerika NN	Frosthart und windfest, unter guten Bedingungen bis 50 m hoch werdend	Wichtigste Papierholzfichte von Nordamerika

Picea mariana (Mill) B.S.P. = *P. nigra Link*	Black spruce, Schwarzfichte	Nördl. Nordamerika NN	Frosthart und windfest, auf geringen Standorten gedeihend, erreicht höchstens 25 m Höhe	Liefert brauchbares, aber weniger hochwertiges Papierholz als die Schimmelfichte
Pinus brutia (Ten). Elwes et Henry	Bruttische Kiefer, Brutia pine	Östl. Mittelmeerregion bis westl. Afghanistan u. Krimhalbinsel, bis 1600 m HbG — P	Bodenvage, sehr trockenresistente Baumart; sehr lichtbedürftig und wurzelenergisch, Stammform besser als bei der nahe verwandten Aleppokiefer	Mittelgutes Pfahl- u. Konstruktionsholz; für Harzgewinnung geeignet
Pinus canariensis C. Smith	Canary Island pine	Kanarische Inseln, Höhenlagen 800 bis 2500 m HbG — P	Bei Winterregen von 500—600 mm bis 30 m hoch werdend, bei guter Luftfeuchtigkeit wird viele Monate Trockenheit ertragen; schlägt leicht aus dem Stock aus	Festes, wertvolles Nutzholz
Pinus caribaea Morelet	Pitch pine	Honduras, Zentral-Amerika, Südkaribische Inseln SL + HbG — P	Auf Sümpfen und feuchten Küstenböden, nur bis 100 m aufsteigend	Hochwertiges Bau- und Faßholz
Pinus contorta Douglas var. latifolia Engelm. (var. murrayana (Balf.) Engelm.) = *P. murrayana Balfour*	Murray-Kiefer	Westl. Nordamerika, von Kalifornien bis Alaska N (B) + SL — P	Raschwüchsiger, sehr feuerempfindlicher Pionier des Felsengebirges; üppige Verjüngung auf Brandflächen; guter Pionier auf schwer vergrasten Böden	Mittelgutes Holz, tauglich zur Papierherstellung

Fortsetzung von Anhang 2

Wissenschaftlicher Name	Volksname oder Handelsname	Heimatliches Verbreitungsgebiet und zuständige Waldregion	Ökologisch und forstlich wichtige Eigenschaften	Holzwirtschaftliche Bedeutung
Pinus halepensis Mill.	Aleppokiefer	Mittelmeergebiet HbG — P	Typische Baumart des sommertrockenen Hartlaubklimas; bes. leichte Ansamung auf Brandflächen; erreicht 25 m Höhe; meist schlechte Stammform; wichtiger Pionier für trockenheiße Karsthänge	Ziemlich gutes Nutzholz; tauglich für Harzung
Pinus merkusii Jungh. et de Vries	Hujam Tusan	Nordsumatra, 500—2000 m, TrR + MR — P	Sehr raschwüchsige Kiefer der Tropenregion; ist mit Mykorrhizen fähig zu Wachstum auf vergrastem Ödland und neu entstandenen Erdrutschflächen; sehr wichtige Pionierbaumart in den Tropen von Niederung bis 2000 m	Gutes Bau-, Säge- und Zellstoffholz; gibt reichen Harzertrag
Pinus nigra Arnold	Schwarzkiefer, Korsische Kiefer	Ost- und Südost-Alpen und Karpaten von 150 bis 300 m; var. laricio in Spanien, Corsika, Calabrien und Griechenland SL + HbG — P	Raschwüchsig; ziemlich schattenfest; bes. geeignet für Kalksteinberge	Gutes Nutzholz, harzreich

Pinus palustris Mill.	Longleaf pine, Parkettkiefer	Südoststaaten der USA SL — P	Noch auf geringen, grobkörnigen, trockenen Sandböden wintermilden Klimas gedeihend; langsamwüchsig	Sehr wertvolles Nutzholz; im Handel als „Pitchpine" bekannt
Pinus patula Schlecht u. Cham.	Teocote pine	Mexiko HbG — P	Gedeiht am besten in der Sommerregen-Region mit mindestens 800 mm Niederschlag und häufigem Nebel auf tiefgründigen, durchlüfteten, lehmigen Böden; wichtig für Aufforstungen in Südafrika geworden	Gutes Konstruktionsholz
Pinus pinea L.	Pinie	Mittelmeergebiet HbG — P	Erträgt keinen hohen Kalkgehalt im Boden; auch auf trockenem Sandboden sicher aber langsam aufwachsend; Pionier für Sanddünenaufforstung in sommertrockenen Gebieten	Gutes Nutzholz; eßbare Früchte
Pinus radiata D. Don = P. insignis Dougl.	Monterey pine	Südkalifornien HbG — P	Außerordentlich raschwüchsige Kiefer in mildem Klima mit Winterregen; geringe Ansprüche an Bodengüte und Sommerfeuchtigkeit; wichtigster Ödlandpionier in der Hartlaubzone von Neuseeland, Südafrika, Chile, Spanien und Portugal	Mittelgutes Nutzholz, gutes Zellstoff- und Papierholz; ungeeignet als Grubenholz
Pinus sylvestris L.	Gemeine Kiefer, Föhre, Forle	Von Südspanien u. Persien bis arktische Baumgrenze in Europa und Sibirien SL + NN — P	Ziemlich raschwüchsige, klimaharte Pionierbaumart auch auf armen Sandböden, mit vielen Klimarassen	Wertvolles Bau- und Möbelholz

Wissenschaftlicher Name	Volksname oder Handelsname	Heimatliches Verbreitungsgebiet und zuständige Waldregion	Ökologisch und forstlich wichtige Eigenschaften	Holzwirtschaftliche Bedeutung
Pinus strobus L.	Weymouthskiefer, Strobe, White pine	Nordosten von Nordamerika, bes. Region der großen Seen SL — P	Fünfnadelige, ziemlich schattenfeste langlebige Kiefer; wertvoll als Pionier auf verödetem Schiefergrund; wegen Blasenrostgefahr nicht als Reinbestand und in Ortsnähe anzubauen, wo Ribes-Arten als Zwischenträger des Blasenrostes vorhanden sind	Ziemlich leichtes, wenig arbeitendes Nutzholz
Pistacia atlantica Desf.	Pistazie	Nordafrika bis Zentralasien, Mittelmeerländer, bis 2000 m HbG — P	Außerordentlich trockenresistente Baumart der Steppen und Halbwüsten; Höhen bis 20 m erreichend; noch bei 150 mm Winterniederschlag gedeihende Baumart; wichtig als Erosionsschutz in Trockengebieten; Blätter als Viehfutter tauglich	Gutes Brennholz
Podocarpus cupressina R.Br. = *P. imbricata Blume*	Djemudju	Java, Burma, Malaya, 700—2900 m MR	Trägwüchsiger Baum, der aber in Einzelmischung im Laubbaumgrundbestand Endhöhen bis 48 m erreicht	Hochwertiges Nutzholz
Podocarpus chilina Rich. = *P. saligna D. Don*	Mañiu	Südchile von Rio Biobio bis Chiloe um 800—1000 m TeR	Trägwüchsiger Baum; als Mischbaumart an feuchten Hängen der Anden	Gutes Nutzholz, aber wegen trägen Wachstums v. geringer Bedeutung für den künftigen Wirtschaftsforst

Populus nigra L.	Schwarzpappel	In fast ganz Europa auf sandigen, feuchten Böden unterer Lagen SL — P	Überaus raschwüchsige Lichtbaumart; durch Stecklinge vermehrbar; Varietät ist die Pyramidenpappel; Hochzuchtklone sind meist Kreuzung von europ. und kanadischer Schwarzpappel	Leichtes, weiches Holz mit guter Eignung für Zellstoff und Papier, für Zündhölzer und als Blindholz
Populus tacamahaca Mill.	Balsampappel	Nördl. Teile der USA und ganz Kanada NN — P	Erster Pionier auf neuem Alluvialsand entlang der Flüsse, gefolgt von Picea und Abies; ziemlich raschwüchsige Lichtbaumart; 21 bis 24 m hoch werdend; durch Wurzelverletzung oder Bloßlegung der Wurzeln erfolgt dichter Wurzelausschlag, deshalb sehr gut zur Uferbefestigung geeignet	Vorzüglich als Papierholz, gelegentals Nutzholz verwendet
Populus tremula L.	Zitterpappel, Aspe	Europa bis zur arktischen Baumgrenze, in Mitteleuropa bis 600 m SL + NN — P	Kurzlebiger, raschwüchsiger Pionier; sehr lichtbedürftig; auch auf armen Böden gedeihend, wenn nicht zu trocken; Wurzelbrut bildend, nicht aus Stecklingen erziehbar	Holz sehr gut für Zellstoff und Papier und für Zündhölzer; im Baltikum sehr wichtige Nutzholzart
Populus tremuloides Michx.	Amerikanische Aspe	Von Kalifornien u. Nord-Mexiko bis zur arktischen Baumgrenze von Labrador bis Alaska HbG + SL + NN — P	Lichtbedürftigste Baumart; feuchte Böden bevorzugend; ausgeprägt klimavag; nicht über 80 Jahre hinaus gesund bleibend; reichlich Wurzelbrut bildend; als Pionier an Härte und Ausdauer unübertroffen	Gutes Papierholz

Fortsetzung von Anhang 2

Wissenschaftlicher Name	Volksname oder Handelsname	Heimatliches Verbreitungsgebiet und zuständige Waldregion	Ökologisch und forstlich wichtige Eigenschaften	Holzwirtschaftliche Bedeutung
Pseudotsuga menziesii (Mirb.) Franco = *P. taxifolia* (*Poir.*) *Britt.*	Douglasie, Oregon pine	Westl. Nordamerika, bes. Westhang der Cascaden in Oregon und Washington, von Nähe Seehöhe bis 2000 m; N (B)	Ziemlich raschwüchsige, langlebige Halbschattbaumart; Höhen bis über 80 m erreichend; wichtigste der in Deutschland angebauten Exoten; viele Klimarassen bildend	Sehr wertvolles Nutzholz
Quercus borealis Sarg. = *Qu. rubra Duroi*	Roteiche	Östl. Nordamerika SL	In der Jugend raschwüchsiger Baum; erreicht auch auf geringem Standort große Dimensionen; gute Zumischung in deutschen Kiefernrevieren	Holz weniger wertvoll als das von Trauben- und Stieleiche
Quercus coccifera L.	Kermeseiche	Östl. Mittelmeerländer HbG	Trockenresistenter, niederer Baum; Träger der Kermesschildlaus, die roten Farbstoff erzeugt	Gerbstoffreiche Rinde
Quercus ilex L.	Stecheiche	Südeuropa HbG	Als häufige, immergrüne Eiche Bestandteil der Macchie; bis 20 m hoch werdend; bei Viehverbiß strauchartig	Sehr schweres Holz, meist für Brennzwekke genutzt; gerbstoffreiche Rinde
Quercus petraea (Mattuschka) L. = *Qu. sessiliflora Salisb.*	Traubeneiche, Steineiche	Nordspanien und Griechenland, Nordanatolien und Kaukasus bis Masuren und Oslo SL	Eiche der europ. Berg- und Hügelländer; wegen geringer Winterhärte nach Osten nur bis Mitte Ostpreußen zu finden	Aus starken, astreinen Stämmen mit gleichmäßigem Jahrringbau werden die wertvollsten Furniere gefertigt

Quercus pubescens Willd.	Flaumeiche	Südeuropa und Südwest-Asien SL + HbG	Bis 20 m hoher Baum, oft nur als Strauch in sonnigen trockenen Lagen	Sehr schweres, hartes Holz
Quercus robur L. = *Qu. pedunculata Ehrh.*	Stieleiche	Europa von Nordspanien bis Nordschottland und Stockholm, von Kreta bis Leningrad, Kleinasien bis ostw. Ural SL	Baumart der Ebenen und Auen; klimavag; überaus wurzelenergisch, auch dichte, feste Böden aufschließend; erreicht hohes Alter und bedeutende Dimensionen; Licht- und Sommerwärme-Ansprüche ziemlich groß; die meisten der ursprünglichen Standorte in Deutschland sind Wiesen und Acker geworden	Wichtiges, wertvolles Nutzholz, aber Qualität nach Jahrringgefüge sehr wechselnd
Quercus suber L.	Korkeiche	Westl. Mittelmeergebiet und Portugal HbG	Immergrüner Baum mittlerer Größe	Wichtig als Erzeuger von Kork aus der Borke; Holz wenig wertvoll
Robinia pseudo-acacia L.	Robinie, falsche Akazie	Östl. Nordamerika SL — P	Sehr lichtbedürftige und in der Jugend sehr raschwüchsige, gegen Frühfrost empfindliche Baumart, die bis 25 m hoch werden kann; empfindlich gegen schlechte Durchlüftung der Böden; Wurzelbrut; wichtig für Festlegung von Schutthalden, Dämmen und Sandmassen; Großanbau in Ungarn	Schweres, elastisches, sehr dauerhaftes Holz

Wissenschaftlicher Name	Volksname oder Handelsname	Heimatliches Verbreitungsgebiet und zuständige Waldregion	Ökologisch und forstlich wichtige Eigenschaften	Holzwirtschaftliche Bedeutung
Sequoia gigantea (Lindl.) Decne. = *Sequoiadendron giganteum (Lindl.) Buchh.*	Riesensequoie, Mammutbaum	Westhang von Sierra Nevada, Kalifornien, 1500—2500 m N (B)	Über 4000 Jahre alt werdender Baumriese, der Scheitelhöhen bis 100 m und Durchmesser bis 10 m erreichen kann	Weiches, leichtes, wenig schwindendes, dauerhaftes Holz
Sequoia sempervirens (Lamb.) Endl.	Küstensequoie, Redwood	Niederschlagsreiches Gebiet des kalifornischen Küstengebirges N (B)	Über 2000 Jahre alt werdender Baumriese, der Höhen bis 115 m und Durchmesser bis 6 m erreichen kann	Leichtes, weiches, gut bearbeitbares, wenig schwindendes, dauerhaftes Holz
Shorea laevifolia Endert	Bangkirai	Borneo TrR	Eine der zahlreichen, bis 60 m hoch werdenden Dipterocarpaceen, die den Urwald Südost-Asiens beherrschen	Hartes, schweres, dauerhaftes Nutzholz
Shorea leptoclados Sym.	Meranti, Kaluhut	Sumatra TrR	Eine der zahlreichen, bis 60 m hoch werdenden Dipterocarpaceen, die den Urwald Südost-Asiens beherrschen	Gut bearbeitbares, mittelschweres Holz der roten Meranti-gruppe

Sorbus aucuparia L.	Eberesche, Vogelbeere	Ganz Europa bis Nordkap und Nordasien NN + N (B) — P	Schnellwüchsige, nicht höher als 16 m und nicht älter als 80 Jahre werdende, bodenvage, klimaharte Pionierbaumart, vor allem auf Kahlflächen der Gebirge	Hartes, schwerspaltbares, wenig dauerhaftes Holz
Tamarix articulata Vahl	Athel	Nordafrika, Arabien, Persien HbG	Überaus salzfeste und trockenresistente Pionierbaumart für Halbwüsten mit 100—200 mm Jahresniederschlag; leicht zu kultivieren; raschwüchsig; ausschlagsfähig; windhart	Mittelhoher Baum mit brauchbarem Möbelholz; trägt gerbstoffhaltige Galläpfel
Tectona grandis L.	Djati, Teak	Vorder- und Hinterindien; Java RgG	Bis 40 m hoher, laubabwerfender Baum; rasches Jugendwachstum; Flachwurzler; empfindlich gegen Staunässe	Mittelschweres, gut bearbeitbares, sehr festes, dauerhaftes Holz, besonders beim Schiffsbau verwendet
Terminalia superba Engl.	Limba	Westafrika TrR + RgG	Raschwüchsige Lichtbaumart, die 50 m Höhe erreichen kann; meist im Regenwald auf Alluvialböden	Ziemlich leichtes und sprödes Holz, leicht zu bearbeiten, gut furnierfähig, viel gebraucht für Sperrholzplatten
Thuja plicata D. Don	Riesenlebensbaum, Western red ceder	Nordwesten von Nordamerika N (B)	Schnellwüchsige Schattenbaumart, braucht tiefgründigen, frischen, humosen, lehmigen Boden; Höhe bis 60 m	Sehr leichtes, dauerhaftes, mittelhartes und sehr gut spaltbares Holz; besond. geeignet für Schindeln und Kanus

Fortsetzung von Anhang 2

Wissenschaftlicher Name	Volksname oder Handelsname	Heimatliches Verbreitungsgebiet und zuständige Waldregion	Ökologisch und forstlich wichtige Eigenschaften	Holzwirtschaftliche Bedeutung
Tsuga heterophylla (Raf.) Sarg.	Western Hemlock	Küstenregion von Nordkalifornien bis Alaska N (B)	Ziemlich langsamwüchsige Schattbaumart; wird bis 50 m hoch; braucht in der Jugend Beschirmungsschutz	Kistenholz, Blindholz für Möbel; Papierholz
Ulmus carpinifolia Gleditsch. = *U. campestris Spach*.	Feldulme, glattblättrige Rüster	Nordafrika und Kleinasien bis Jütland SL	Kann bis 48 m hoch werden; Halbschattbaumart der Ebene auf frischen, tiefgründigen und humosen Böden	Zähes, elastisches, dauerhaftes, hartes, wenig schwindendes Holz
Ulmus glabra Huds. = *U. montana With*.	Bergulme, Bergrüster	Europa vom Südrand der Alpen bis 65° in Skandinavien, im Osten bis Amur, in der Schweiz bis 1400 m, im Erzgebirge bis 700 m N (B)	Halbschattbaumart auf guten Böden	Zähes, elastisches, dauerhaftes, hartes und wenig schwindendes Holz

Sachverzeichnis